本书由中国传媒大学中央高校基本科研业务费专项资金资助出版

媒体艺术与技术丛书

当代艺术中的
设计思维与产品思维

李海玲 著

U0338215

红旗出版社

中国传媒大学出版社

·北京·

图书在版编目(CIP)数据

当代艺术中的设计思维与产品思维 / 李海玲著.
--北京：红旗出版社, 2019.12
ISBN 978-7-5051-5092-8

Ⅰ.①当… Ⅱ.①李… Ⅲ.①互联网络—应用—产品设计—研究

Ⅳ.①TB472-39

中国版本图书馆CIP数据核字（2019）第291166号

书　　名	当代艺术中的设计思维与产品思维			
著　　者	李海玲			
出 品 人	唐中祥	责任编辑	毛传兵	
总 监 制	褚定华	特约编辑	陈　默	
选题策划	盘黎明　刘险涛	封扉设计	风得信设计·阿东 FondesyDesign	
出版发行	红旗出版社 中国传媒大学出版社	地　　址	北京市沙滩北街2号	
邮政编码	100727	编辑部	010—57274526	
E － mail	hongqi1608@126.com			
发 行 部	010—57270296　010—65450528			
印　　刷	北京玺诚印务有限公司			
开　　本	710毫米×1000毫米	1/16		
字　　数	111千字	印　张	10.25	
版　　次	2019年12月北京第1版	印　次	2019年12月北京第1次印刷	
ISBN 978-7-5051-5092-8		定　价	58.00元	

目 录

前　言

　　在互联网设计蓬勃发展的信息时代,信息化产业为人民生活和社会化服务提供了便捷的信息平台和丰富的产品。互联网产品的设计和创作,是艺术设计的延伸和提升,是设计思维运用到艺术设计中的产物。设计思维对互联网产品设计不仅起到了极大的推动作用,同时也受到互联网产品设计发展的影响。设计思维是艺术理论体系中的最新组成部分。推动设计思维理论的健康发展并以此指导互联网产品设计的优化和完善,是包括艺术设计在内的理论发展的重要命题,也是本书探讨的主题。

　　互联网产品是信息化技术和艺术共同发展的产物,更是科学与艺术结合的产物。其理论缘起要从现代艺术设计的发展谈起。现代艺术设计的发展具有典型的时代特征,从20世纪60年代兴起的工艺美术运动,到七八十年代的新艺术运动,以及装饰艺术和现代主义运动,每个时期都产生了不同的流派和风格。包豪斯的出现标志着现代艺术设计达到了艺术和技术的融合、统一。不过,目前我国艺术设计的发展和设计思维理论的建构仍落后于欧美。

在经历了数十年的发展之后,设计思维的本体和外延也有了长足的发展。从最初意指理性思维和感性思维融合运用的综合思维体系,到以科学的程式推动创新设计的产生,设计思维从本体到应用都有了很大的变化。将设计思维运用到当前的互联网产品设计中,产生了扩展创意、指导创作、丰富社会应用等广泛的实践效用。同时,互联网产品设计也对设计思维起到了延展和提升的作用,如基于仿生学的多感官融合设计、基于社会应用的跨学科跨领域设计和融合设计等。

基于对设计思维本体和外延、历史沿革和发展历程、现实形态和未来走向的综合论述,笔者明确指出了综合设计思维和商业思维的产品思维体系,展开论述了产品思维的内涵、方法、核心理念和人文追求,力图构建完整的产品思维理论框架,以期预判艺术设计的未来趋势,并为艺术设计领域的下一步理论研究探索出新的方向。

第一章 当代艺术中的设计思维现象和思考

第一节 乔布斯和"苹果禅"带来的启示

也许几年前，人们并未想过 YouTube、微博或天涯社区可以发布比主流新闻媒体更快、更具影响力的新闻报道。在 2008 年奥运会时，互联网视频网站对奥运会的详尽报道以及文字、图片、视频、评论、互动相结合的方式将传统新闻媒体播报方式一举击败，获得了更多受众的认可。十几年过去了，我们的世界已经变了。在科学技术蓬勃发展的今天，无论是资讯、实体产品还是消费服务都离不开互联网，互联网产品是当前具有典型特质的消费服务类产品。

从最初的网页设计到交互设计再到用户体验设计，设计的职能逐渐转换；从最初出现在 2007 年的"基于原型的页面"（web based prototype）到"基于设计的页面"（web based design）再到今天的"基于产品的页面"(web based product),互联网产品设计的概念逐渐清晰明了,也在业界流行起来。

设计大师原研哉在《设计中的设计》一书中指出,设计就是通过创造与交流来认识我们生活的世界。好的认识和发现会让我们感到喜悦和骄傲。设计理念(thinking)中最重要的是设计思维(design thinking)。设计思维和艺术思维(art thinking)有着很多相似的地方。设计者与艺术家都是以设计或艺术手段为媒介进行表达的;表达是以个人对世界的认识为基础的,是以个人对设计或艺术形式自身的理解为基础的。① 互联网产品中最重要的是设计思维,设计思维成为决定互联网产品成败的最核心的观念和意识。

近年来,在众多领域,无论是建筑业还是工程业,设计业还是制造业,国内外学者都对设计思维的研究投入了大量的精力,并且获得了较全面的研究成果。在艺术领域中,设计不仅需要艺术创造力,还需要科学的思维范式。成熟的设计思维体系的建立,为互联网产品设计中的交互设计思维的应用提供了理论依据。借鉴设计思维体系的研究成果,基于互联网产品的设计思维体系形成并得到广泛实践,推动着互联网产品设计领域的发展。

就在互联网产品的交互设计师对设计思维体系的成熟感到欣慰的时候,乔布斯带着他的苹果手机登场了。面对众多在手机领域打拼多年的竞争对手,"苹果"仅仅用了五年的时间,便以三款手机打败了其竞争者,成功占领了全球手机市场的半壁江山。

---

① 吴桂萍. 浅谈图形创作中的设计思维[J]. 辽宁教育行政学院学报,2006(12):170-171.

这一颠覆前路的现象引发了产品设计从业人员和学者的广泛关注,同时激起了广大互联网产品设计师的研究兴趣。研究者们比较认可的说法是:用户长期以来养成的交互习惯,未必就是最优的。用户可能并不知道自己究竟想用什么样的交互方式,在他们体验到了更好的交互方式后,之前形成的体验黏性就会大大降低。

其实,这只是冰山一角,"苹果"的成功给人们带来的启示远不只这些。产品设计师们在设计之初,对该产品的设计定位、设计风格、设计流程、概念模型、原型测试、应用者的评审和体验等各个环节都有详尽而细致的调研,基于互联网产品的设计思维贯穿产品设计的始终。这样严谨的创新过程,是产品在艺术和商业上获得成功的基础。从理论层面看,这是对产品思维理论体系的实践。

乔布斯的"苹果禅"和交互设计体验之间有着有趣的联系。究竟怎样才能获得引导用户体验的设计? 什么才是面向未来的交互设计? 其实在前沿的研究领域,不乏相关的理论探索。如加拿大的研究者蒂姆·布朗(Tim Brown)在 2007 年提出了"用设计思维创造机会"(How design thinking builds opportunities),而美国的设计大师唐纳德·A. 诺曼(Donald A Norman)提出:设计思维和以前的创新性思维并没有很大不同。目前在中国,对设计思维的探索和实践主要集中在互联网产品设计领域,但对于如何在互联网产品设计中发挥设计思维的优势、如何在设计中践行产品思维,还有待继续探索。

第二节　国内外设计思维的发展和现状

一、国外研究现状

广义上看,19世纪或者更早的设计活动,都可以被认为使用了"设计思维"。这个名词的第一次出现,可以追溯到20世纪80年代兴起的"以人为本"的设计。

早在19世纪时的英国,知名工程设计师伊桑巴德·金德姆·布鲁内尔(Isambard Kingdom Brunel)就已经展现出了专业的设计思维,设计规划出许多划时代的工程。在为英国设计大西部铁路(Great Western Railway)时,他并未将自己局限在铁路建设上,而是把眼光放大到英国以外的交通运输路线上,规划出了一个从伦敦直达纽约的交通系统,包括铁路和邮轮。在工业革命时期,他已经开始利用设计思维进行创意革新。

哈伯特·西蒙(Herbert A Simon)1969年的著作《人工科学》可以说最早地提出了这种思维方式;罗伯特·麦克金姆(Robert McKim)1973年的著作《视觉思维的经验》将该思维进一步确定。20世纪80年代和90年代,罗尔夫·法斯特(Rolf Faste)在斯坦福大学讲学时,定义并且推广了设计思维的想法,将其作为一种适应商业行为的经营宗旨。罗尔夫·法斯特和他的同事戴维·凯利

(David M Kelley)一起在著名的 IDEO 设计公司实践他的想法。

1987 年,哈佛大学建筑与都市规划专业终身教授彼得·罗 (Peter Rowe)教授的著作《设计思维》,第一次使用"设计思维"一 词,为建筑师和城市规划者提供了一个解决问题的系统程序。 1992 年,理查德·布坎南(Richard Buchanan)发表了《设计思维的 险恶的问题》,进一步拓展了设计思维的范畴,突破了通过设计来 进行人文关怀这种极具影响力的设计思维。1995 年,日本学者野 中郁次郎(Ikujiro Nonaka)出版了《创造知识的公司》,提出运用设 计思维并综合隐性和显性的知识,来促使日本的企业由工业制造 企业向创造型的、动态发展的、革新力强的企业转型。

进入 21 世纪,设计思维发展到了一个繁荣期;21 世纪的第一 个十年,设计思维在多领域蓬勃发展并转型。这一设计思想的转 变从产品领域和业务部门,扩大到项目的开发、管理和企业的高层 管理服务方面。这一思想的实践始于 2000 年末:IDEO 设计公司 的创建合伙人比尔·莫格里奇(Bill Moggridge)在英国成立了"生 活·工作公司",为商业活动提供更加灵活的设计服务。从此,设 计思维在全球越来越多的管理和顾问公司得到了运用。

在学界的研究和应用方面,多伦多大学罗特曼管理学院院长 罗杰·马丁(Roger Martin)在其任职期间,运用商业和设计思维相 结合的方式开发了商业教育的新模式。

2005 年,斯坦福大学成立了哈索·普拉特纳设计学院(The Hasso Plattner Institute of Design,简称为 HPI 或 D-School),主要 研究和开展与设计思维相关的教学实践活动。

2007年,加拿大的研究者蒂姆·布朗(Tim Brown)在斯坦福学术先期通报会上提出了"用设计思维创造机会"(How design thinking builds opportunities),引导了设计领域对设计思维的创新性研究。他在2007年之后的几年中,将他的其他与设计思维相关的理论在任职的IDEO设计公司进行研究并取得了实践成果。

2011年,斯坦福大学D-School出版了"Design Thinking—Understand,Improve,Apply"丛书,这一套理论书籍由在斯坦福大学D-School任教的多位老师,包括迪尔曼·林德伯格(Tilmann Lindberg)、克里斯托弗·梅内尔(Christoph Meinel)、拉尔夫·瓦格纳(Ralf Wagner),联合执笔,内容不仅涉及工程学、建筑学和商业服务领域,还针对信息工程领域提出"设计思维能有效地推动信息技术行业的设计发展"。

2014年斯坦福大学D-School使设计思维成为专业核心课程,面向全校学生授课。该课程每年分为四个学期,学生可以在学校教务系统兑换相应学分,其真正成了大学课程的一部分。"Design Thinking—Understand,Improve,Apply"丛书中的11本,已被译成中文,在国内出版。每年都有上千人参加该课程,至今已有万余人完成该课程的学习,并活跃在各行各业。

至此,设计思维的主要活跃领域已经从传统的设计领域,跨越到工程、建筑以及多种形式的商业服务领域。而在21世纪,设计思维最活跃的领域不外乎信息技术行业。在经历了21世纪第一个十年的繁荣和碰撞之后,对设计思维的实践及其弊端的论证也在不断地向其他行业渗透。

时至今日,理解设计思维和设计认知有相当大的学术和商业价值。

二、国内研究现状

当代艺术中的设计思维在中国很难找到理论的源头,我们现在所说的设计思维通常指的是"设计的思维"。思维有很多种,不同思维有不同的特点,比如:理性的、非理性的,相同的、相异的,发散的、汇聚的等。其表现形式也有很多种,比如抽象思维、概念思维、形象思维、逻辑思维、意象思维、结构思维、感性思维、灵感思维、反向思维、创新思维等。设计思维是其中一种,与概念思维和创新思维的核心内容比较接近,可以说它是从这两种思维体系发展而来的。

1988 年第一期《装饰》刊出的中国著名美术家蔡作意的《谈设计思维的修养》,在中国最早提出"设计思维"这个词,而其核心观点是通过提升设计适应性来增强创作的生命力,简言之,主题仍旧为"设计的思维"研究。自此之后的很长一段时间里,设计思维和创造性思维、创新思维成为工业设计领域的思维研究的主要对象。1989 年第一期《装饰》刊出的朱贵洲的《设计与设计思维》强调应在设计的过程中满足人对物的使用价值的要求,把客观的物作为人本体的一部分来设计,推动人—机—环境的和谐发展。20 世纪 90 年代初期,蒋霞和宋飞在吉林艺术学院学报上联合发表的《信息与设计思维》第一次提出了设计思维、超前思维、整体思维和开放性思维的综合运用,并将其引入时装设计信息处理的过程中,提出应综合运用艺术和科学创造的思维活动、功能性信息和非功能性信息。这是我国学者第一次将设计思维的研究拓展到信息处理的过程中。同时期在第六期《中国科技论坛》(*Forum On Science and Technology In China*)上刊出的何阳的《应重视设计思维与广告宣传对产品的作用》,第一次提出在广告宣传领域应用以创新、用户需求为主线的产品设计思维。这意味着学者们已经对设计思维有了基本的研究,并将其拓展到了相关的实践领域。

1997 年第一期《浙江大学学报(自然科学版)》刊出了潘云鹤和庄越挺的文章——《关于设计思维与模型的研究报告》。该报告重点论述了设计的典型思维方法及模型,介绍了设计中形体的表达、设计过程的模型建立等内容,提出了一个基于广告自动创意系统的设计原型。该研究成果为设计思维在智能 CAD 领域打开了重要的、崭新的突破口。两年之后,在 1999 年的《重庆广播电视大学学报》上,四川美术学院的赵卫东发表论文《艺术教育中的"设计思维"的培养》,其开篇即指出在艺术设计的过程中,必不可少的就是"设计思维"能力。他指出:"设计思维"能力包括设计的观念和创造性思维;作为设计思维的起点和方向的是设计观念,具有创造性思维是培养设计思维的目的与要求;这种"设计思维"能力是设计人员必须具备的素质。"在设计教育中,这种素质的培养必须贯穿在设计教学的整个过程之中。传统的教学方式不能完全适应现代设计的要求,设计本身有很大的创造性,现代的设计思维方式是一个多维的错综复杂的组合。因而要从旧的习惯和传统观念的束缚中解脱出来,以多元、多维的空间想象来进行思考,建立一个广泛的、多向的知识结构,在横向知识面与纵向知识深度之间建立有机的联系,培养完整的、系统的设计思维能力,是现代艺术教育中必不可少的内容。"①这是中国学者首次正式提出设计思维可被应用在艺术教育培养方面。

在 2004 年于中国宁波召开的工业设计国际年会(The 2004 International Conference on Industrial Design)上,兰州理工大学设计艺术学院的赵得成通过《设计表达与设计思维》对艺术设计进行了方法上的阐述,他指出:中国的艺术设计从业人员有两种——艺术类的和非艺术类的,因而他们在设计表达与设计思维的关系上持不同的看法,这使本来互相关联的两个概念有时被割裂了。从二者之间的关系看,设计表达不只是一种手上技法的训练,更是一种训练设计思维方式和艺术审美素质的方法;设计表达对设计思维具有直接的检验、纠正和激发作用,而思维又是表现的直接内容和对象,两者相辅相成又相对独立。同样来自兰州理工大学设计艺术学院的李奋强的《设计思维的基本方式》将思维方式分为三种形式:整体综合性思维、纵向连续性思维和点状离散型思维。由此可见,到 2004 年,中国的设计思维的研究已经从最根本的"设计的思维"延伸到时装设计、建筑设计、广告设计、工业设计、信息设计等领域,并且非常明确地提出了多种设计思维方法和形式。

基于此,苏州大学艺术学院的陈正俊在 2004 年《东南大学学

---

① 赵卫东. 艺术教育中的"设计思维"的培养[J]. 重庆广播电视大学学报,1999(2):37-38.

报》上发表文章,提出了一个系统的概念——"艺术设计思维学"。他指出,有关艺术设计思维学的研究可划分为三部分:(1)艺术设计思维学原理;(2)艺术设计思维研究;(3)艺术设计思维训练。它们可以分别作为博士、硕士及本科生的研究或学习内容。艺术心理学的研究与教学是艺术设计思维的研究与教学的基础。艺术设计思维研究的重点是:生理基础,心理动力问题,内容与形式,运动的逻辑关系,评价、效果、影响等。艺术设计思维学的研究与教学应该走理论与实践相结合的道路。这篇文章正式将艺术设计思维作为一种理论基础和方法实践引入高等学校的课堂中。

不仅中国的艺术类院校教师有此类探索,理工学科研究者也对此有所涉猎。武汉科技学院的马宁和白燕在 2005 年第三期《计算机教育》中发表《系统化程序设计思维培养模式初探》,其以优化理工类本科生分析问题的程序设计思维为目的,主要探讨教师应如何改善当时的教学模式。2007 年第一期《装饰》刊出的苏州科技学院伍立峰的《教学设计创新与设计思维能力的培养》同样指出应以教育创新为基础,探讨艺术设计专业学生设计思维的培养。其从创新意识的培养、创设问题的情景、知识积累的升华、民主氛围的陶冶、自主合作的空间等五个方面,阐述了应如何科学地进行教学设计、培养学生的设计思维能力。

2011 年《现代传播》刊出中国传媒大学廖祥忠、姜浩和税琳琳的文章《设计思维:跨学科的学生团队合作创新》,其结合教学示例,更加深入地探讨了设计思维教育和实践的发展、意义、方法,以及如何通过组建跨学科学生团队来实现独特的教育和实践模式。

近些年,设计思维作为独立出现的词组,特指对艺术创作进行科学的、程式化的规范,利用一定的创作方法来有效产出创新成果。这种实践活动在北美被称为设计思维(design thinking),在澳洲艺术设计领域通常被称为经验设计(experience-based design),而在欧洲更多地被应用在企业的团队建设中,统称为快速决策训练(accelerated decision making)。虽然称谓上有区别,但其应用都集中于跟艺术相关的创作过程中。目前,在高水平的团队创作中,设计思维的运用已经非常普遍;学术界对于设计思维理论的研究也更加广泛和深入。

国内对于设计思维的研究比国外要晚十余年,但是其发展轨迹与国外的走向基本一致,也是在艺术创作的几个相关领域之间游移,并且落脚于泛设计的大范畴。笔者认为,不论国内还是国外,当前对设计思维的研究主要集中在艺术创作中,设计思维内涵的变化、跨领域的整体性创作理念并未得到普遍认同。尤其在国内,创作团体对设计创意的实际操作的认可度比较高,但是不同团体在理念上还是存在很大差异,更不用说建立规范化、体系化的理论认知了。很多创意课程与设计思维的主体概念非常相似,但是二者在名称和训练方式上存在很大差别。

通过对国内外研究现状的分析,我们可以知道设计思维是如何从关于设计的思维逐步发展到跨学科的创新实践的理论和方法的。这些理论已经在实践中得到印证,对研究设计思维在互联网产品设计中的运用和作用有着重大的指导意义。

第二章 设计思维的缘起——当代艺术设计的发展

第一节 当代艺术设计的发展历程

当代艺术设计是在现代艺术与信息技术的融合发展中凸显自身性质和特点的。当前的社会是高度信息化的社会,社会的各个方面都离不开科技信息产品。当代艺术设计是当代艺术在电子信息技术大发展的背景下,与科技信息类产品设计融合的产物。它以网络为载体,充分体现出"设计"在人们的生产、生活各方面的重要性。

当代艺术设计是在现代艺术发展的基础上发展起来的,也是伴随着后现代艺术的蓬勃发展影响人们的生活的。以 19 世纪 60 年代的英国工艺美术运动为开端,现代设计经历了 19 世纪末承上启下的法国新艺术运动、20 世纪初的装饰艺术运动、20 世纪 20 年代后的现代主义设计的核心运动以及在 20 世纪五六十年代兴起的国际主义设计运动之后,终于在 20 世纪 60 年代之后迎来了当代艺术设计的多元化格局的大发展。

起源于英国的工艺美术运动,是公认的现代艺术设计的开端。随着工业革命引发的工业化大发展,大规模的工业化设计产品被生产出来,这样的工业化生产造成了设计水平的失准、设计品质的降低,曾一度引发设计上的技术和艺术割裂的局面。这场运动后来蔓延到美国和欧洲其他国家,强调手工艺的自然、古朴、简单和功能性,在一定程度上保证了手工艺设计可以完整保存至今。工艺美术运动被认为是现代设计史上的第一次大规模设计改良运动,成为西方现代艺术蓬勃发展的良好开端。[①]

在此之后,现代艺术设计经历了长达十余年、席卷欧美十余国的新艺术运动。新艺术运动并不是新兴的艺术设计思潮,它的名字源于法国家具设计家萨穆尔·宾开设的设计事务所——新艺术之家。这次设计运动在建筑家具、服装首饰、平面设计以及书籍插画等领域都具有相当大的影响力,是传统设计与现代设计之间一个非常重要的承上启下的阶段。新艺术运动继承了英国工艺美术运动的思想和设计探索,希望在矫揉造作的设计风格泛滥的时期、在工业化风格浮现的时期,重新以自然主义风格复兴设计的优秀传统。[②]

几乎是同时发生的装饰艺术运动和现代主义运动,都对机械化生产进行了肯定,推崇采用新材料和新技术。不同的是,装饰艺

---

① 王受之. 世界现代设计史[M]. 北京:中国青年出版社,2002.
② 王受之. 世界现代设计史[M]. 北京:中国青年出版社,2002.

术运动起源于法国,为浪漫主义和资产阶级情调服务,强调装饰的作用,注重材料的质感和光泽,善于利用鲜艳的纯色和对比色打造华美的视觉效果;而现代主义运动则否定装饰,强调设计要"接地气",为人民大众而非特定的阶级服务,具有乌托邦式的理想主义和完美主义意味。现代主义设计通过几十年的发展,从美国影响到世界各国,是整个 20 世纪的核心设计理念。之后的后现代主义、结构主义、新现代主义等运动思潮都是以对现代主义的充分认识为基础的。

经历了艺术和技术的割裂,设计界才迎来二者融合的当代艺术设计。1919 年公立包豪斯学校(简称"包豪斯")在德国成立,开启了现代艺术设计和当代技术融合的发展历程。包豪斯首任校长沃尔特·格罗皮厄斯在 1923 年的一次公开演讲中提到的"艺术与技术,一种新的统一(Art and technics, a new unity)"如今已成为广为人知的名言。包豪斯引导了艺术设计重视技术性能和美学性能相结合的艺术走向,注重发挥新材料和新结构的融合特性,倡导提升实用性,并且提倡工艺美术和建筑设计要向抽象派绘画和雕刻艺术学习。这种强调自由创造,反对因循守旧、墨守成规的设计理念,将手工艺同机械化大生产结合起来,夯实了现代主义多元化设计风格的基调,完美地融合了以观念为中心的设计和以解决问题为中心的设计,翻开了当代设计的新篇章。

包豪斯不仅引领了艺术设计的走向,同时也对艺术设计教育作出了极大的贡献。包豪斯的设计教育方式被世界上的众多设计院校借鉴,视觉教育第一次稳固建立在科学教育的基础之上。包豪斯奠定了现代设计教育的基本模式,创立了当代设计教育基础课的基本结构;确立了工作室的教学方式,让学生参与设计制作过程;建立了和工业、企业界的联系,把学校教育同社会生产挂钩,让学生亲自体验设计与工业生产的联系。①

在我国,当代艺术设计相关学科在1998年才被正式列入教育部的专业目录。我国当代艺术设计经历了从图案开始,到以实用为主的实用艺术、以工业为主的工业艺术,再到改革开放后向工艺美术和美术设计过渡,最终在1998年确立的发展历程。②

我国当代艺术设计的发展在20世纪初期受到了国际现代主义运动的影响,开始出现独立的艺术设计分支,包括工业产品设计、环境艺术设计和视觉艺术设计,其中的环境艺术设计还包括室内设计和景观设计。20世纪80年代初期我国开始对工业设计进行推广,与国际上的设计流派进行频繁交流和合作。经历了十余年的发展后,在90年代开始出现广告设计、数码设计、符号语境设计、企业形象设计和交互界面设计,还有设计管理等,它们被统称为艺术设计。这是一种崭新的视觉文化,它将视觉艺术、新媒体艺术结合在一起。③

当下,在人们的生产生活中,集中体现艺术设计影响力的,是互联网产品设计领域;当代艺术设计与电子科技的结合,主要体现在互联网产品设计中。

---

① 王受之.世界现代设计史[M].北京:中国青年出版社,2002.
② 童宜洁.改革开放以来我国艺术设计的发展特征研究[D].武汉:武汉理工大学,2012.
③ 夏燕靖.中国设计史[M].上海:上海人民美术出版社,2009:33-34.

第二节　当代艺术设计的性质与特点

包豪斯首任校长沃尔特·格罗皮厄斯的"艺术与技术，一种新的统一"的观点，揭示了艺术设计将艺术性与技术性相结合的特性。正是这样的特性决定了艺术设计既非自然科学也非社会科学的学科属性，决定了它的构成、知识、元素和体系的独特。艺术设计融合了艺术的技艺和技术的科学，成为维系人类情感和科学精神的重要方法。①

艺术设计在一定意义上是艺术无限扩展范围、在工业基础上发展的结果，是美学渗透进技术、艺术家深入生产的结果。② 艺术设计的基础，是技术和艺术的统一，是科学和人文的有效结合。这是艺术设计的一个基本特征。科学技术的进步和工业的大发展，使得新工艺和新技术不断出现，催生了产品的扩展功能、推动了结构形态的创新组合，正如马克·迪亚尼所说：设计在后工业社会中似乎可以变成过去各自单方面发展的科学技术和人文文化之间的一个基本的和必要的链条（第三要素）。③

当代艺术设计的另一个基本特征是将"美"融入艺术设计。艺术设计的最基本要求就是设计的作品要有审美意义和文化价值。

---

① 杨四宝，黄琦，杨先艺. 浅谈设计美的三种属性[J]. 美与时代(上)，2010(6)：26-30.

② 鲍列夫. 美学[M]. 北京：中国文联出版社，1986：34.

③ 迪亚尼. 非物质社会[M]. 成都：四川人民出版社，1998：4.

艺术设计的最高追求是设计的作品既有使用价值,能满足消费者的物质需求,同时又能将"美"的原则融入人们在精神、艺术和幸福方面的追求,使其达到和谐的统一。

当代艺术设计的第三个基本特征,就是具备需求的引导性、超前性。所谓引导性,是对艺术设计的产品功能而言的。设计出来的产品必然具有一定的满足人类需求的功能,但"大众的需求"并不总是显而易见的。乔布斯在做"苹果"系列产品的时候明确指出:用户不知道自己需要的是什么。诚然,在苹果手机出现之前,人们并没有意识到自己是可以接受"滑动接听"的。人们在追求幸福生活的同时,还会持续更新需求、追求满足新需求的各种设计。这也体现了艺术设计对于需求的引导性。艺术设计的超前性,就是要把握新需求产生和发展的趋势,在新需求出现之初,就以"概念性"的产品设计将其展现出来。[①] 所以,在后文中笔者会展开讨论概念模型设计对于当代艺术设计思维的重要性。

当代艺术设计现在处于大发展时期,在实际应用中,与诸多学科、领域都有着密不可分的联系,包括哲学、美学、史学、社会学、心理学、美术学、工程学、经济学以及内涵丰富的现代技术,等等。从艺术设计的教育角度看,到 2001 年底,我国的各大院校基本上都开设了艺术设计专业和院系,内容涵盖环境艺术设计、包装设计、工艺设计、装饰艺术设计、广告设计、数码艺术设计、家居设计以及产品设计等方面。这是艺术领域的一大进步,它促进了我国艺术设

---

① 王彤玲. 现代艺术设计的基本特征及其对社会经济活动的影响[J]. 兰州学刊,2005(6):296.

计的体系化发展和专业教育的系统化完善,将传统的工艺美术设计和高科技成果联系了起来。这也符合现在所提倡的集成和创新理念。这种融合传统和现代的艺术辩证观点,更有利于艺术设计者开阔视野、增强艺术理论修养、完善艺术设计思维;推陈出新,创造出更多具有艺术性、个性风格和价值的艺术精品,推动整个中国艺术设计领域全面、有序、健康、完善、稳定地向前发展。①

第三节　艺术设计的发展催生设计思维

艺术设计是一门综合性的学科,它融合了各种与设计相关的自然科学和社会科学知识,因此它需要利用多种思维方式。② 对于设计师来说,艺术设计指通过对世界的认识和掌握,利用设计思维这一必要的方式来进行分析和观察,综合各种方面的因素从而设计出满足人类物质需求或精神需求的物品或服务。

创新是艺术设计的本质属性之一。可以说,没有创新,就没有艺术设计。艺术设计的过程,就是创新思维碰撞从而产生创意火花,选用恰当的艺术表现形式来传达相应的情感或提出解决问题的方法的过程。

迄今为止,不同的研究者和实践者对设计思维的理解和使用

---

① 童宜洁.改革开放以来我国艺术设计的发展特征研究[D].武汉:武汉理工大学,2012.
② 郑丹丹.创新思维对现代艺术设计的重要意义[J].艺术研究,2010(2):46-47.

有很大的差异,设计思维还没有一个统一、精确的定义。有的侧重思维过程,有的强调设计思维的主观能动性,有的从设计思维的认知风格出发,有的从设计思维的动机人格因素切入,有的兼顾不同角度来描述设计思维,等等。① 尽管如此,随着对设计思维理论的探讨和实验研究的深入,研究者和实践者对设计思维的认识逐渐趋同。笔者对于设计思维的理解是这样的:设计思维是一种以艺术和技术的融合为表现手段,以情感传递为动力,以多种思维方法为传达方式,综合调用多种感官的复合思维模式。

创新思维和艺术思维是兼容并包、相辅相成的关系。设计师在进行具体的创造性设计思维活动时,以已有的设计思维的基本规律及基本认识为指导,从而获得了一种强有力的设计思维基础。② 根据创作的需要,可将设计思维作为底层平台,让创新思维发挥主观能动性,或以创新思维为基础,让设计思维与之融合产生相应的艺术设计成果。

美国的斯滕伯格在《创造力手册》中指出"创造力是人类特有的,利用一定条件产生新颖独特、可行适用的产品的心理素质,创造力这种素质是与动物相区别的、人类所特有的,同时它也是所有人都具有的一种心理素质。"③这种表述认为创造力包含了独特性、适用性和新颖性,同时也吸纳了现代的创新性理论,不仅把创造力看作人的心理素质,而且兼顾了内部系统和外部系统对创造力的

---

① 方若虹.艺术设计课堂教学中创造性思维开发研究[D].汕头:汕头大学,2009.
② 郭中超.创造性设计思维的认识观和发展观[J].包装世界,2011(3):78-79.
③ 斯滕伯格.创造力手册[M]施建农,译.北京:北京理工大学出版社,2005.

影响。正是内外部力量和条件的相互作用,使人作为具有创造力、创新性的角色不断推出促进人类进步的产品,不断推动社会生产力的进步和人类文明的发展。设计思维融合了常规思维和创造性思维,并且兼顾了内外部影响,使其达到和谐统一。

设计思维可以被传承。太原大学赵雯在《艺术设计教学中的设计思维与设计表达》中总结:良好的知识结构是培养设计思维的基础,过硬的专业素质是培养设计思维的关键,教师在设计思维训练中具有主导作用。① 设计思维从艺术设计中来,在艺术创作过程中反哺艺术设计。设计思维与创新思维一样,是艺术设计的基本属性之一。

在科技蓬勃发展的今天,我们提到设计的时候,不仅仅将其视为一种艺术形态,还认为它能为我们的生产生活提供服务。当代艺术设计主要应用于通信、媒体、金融、家具、工程机械、食品饮料、医疗器械、汽车、消费类电子以及教育等行业。而这些行业都离不开互联网的支持,因此可以说当代艺术设计集中体现在互联网产品设计中。当代艺术设计的发展催生了设计思维,设计思维的应用集中体现在产品设计中。如今,我们要研究设计思维,就要关注其在互联网产品设计中的应用,也就是去发现和挖掘设计思维在产品设计中的应用,去了解设计思维与产品思维的关系,发现二者对当代艺术设计产生的影响。

---

① 赵雯. 艺术设计教学中的设计思维与设计表达[J]. 太原大学教育学院学报,2009,27(S1):86-88.

第三章　设计思维理论与实践

第一节　设计思维的概念、内涵和特点

一、设计思维的概念、内涵

　　牛津通识读本《设计，无处不在》的作者约翰·赫斯科特（John Heskett）教授指出："设计从本质上说，可以定义为人类的基本能力，人类制造以前生活中不存在的东西来满足人们的需要，赋予生活新的意义。"①美国曼哈顿现代艺术博物馆的负责人保拉·安东内利（Paula Antonelli）认为："好的设计正在复兴，它将技术、认知科学、人类需求和美结合在一起，产生出某些正在消失

---

① 赫斯科特.设计，无处不在[M].丁珏，译.北京：中国译林出版社，2013.

的东西。"①

对设计的类似解释不胜枚举。从设计的语义来看,其基本内涵在于为一个视觉化目标的实现制定具有针对性的、全面的、整体的方案。因此,设计是一种具备策略性和指导性的创造行为,在开展前要有相应的预设与规划。

从广义层面而言,设计指广泛而又普遍的文明创造行为。从人类文明的发展进程来看,创造性思维是设计的源源不断的驱动力与生命力。

狭义层面上的设计概念,特指艺术作品创作过程中的全部构成元素。设计师不仅需要对内部各要素进行整合,同时需要兼顾整体与部分之间的协调,通过一定的组织行为,完成一个作品的艺术创作。这一概念不仅凸显了美学层面的意义,也强调了组织行为层面的诉求。

我们通常称从事设计工作的人为设计师。设计师作为艺术领域的创造性行为的践行者,其使命在于为人们生活质量的提升制定合理、可行的方案。文化的呈现方式纷繁复杂,艺术的表现形式不断拓展,处在人、自然、社会三重作用力下的设计领域也被注入了更多的时代内涵。总体来看,设计分为以下三大类。

第一,人类区别于动物的根本标志,就是会创造和使用工具。人类利用自然界的材料,创造了供自己使用的各种产品,因此出现了工业设计(industrial design),这是为了使用的设计。第二,为了

---

① 安东内利. 日常设计经典 100[M]. 济南:山东人民出版社,2010.

连接人与人,人类创造了通信的世界,设计了"符号"来传达信息,因此出现了视觉传达设计(visual communication design),这是为了传达的设计。第三,为了改善人的生存环境,调和人与自然之间的关系,出现了环境设计(environmental design),这是为了居住和生存的设计。

王受之在《世界现代设计史》中阐述了现代设计的范畴:建筑设计包括环艺设计、空间设计;产品设计涉及家用器具、电子通信、交通运输领域的设计;平面设计包括包装设计、企业识别系统;广告设计同时包括展示设计;服饰设计包括时装设计、成衣设计、服饰配件;纺织品设计包括面料设计、家纺设计、染织设计等。① 而在当下的多媒体蓬勃发展的社会,多媒体设计包括影视动画、电脑图形、虚拟现实和增强现实。

"思维"一词,在《辞海》中的释义为"在表象、概念的基础上进行分析、综合、判断、推理等认识活动的过程;是人所特有的高级精神活动"②。

思维,是感觉、知觉、记忆、思想、情绪、意志这一系列心理过程中的一种活动。思维是加工信息的过程,是外界客观条件与主观感受相互作用的过程;思维具有倾向性,它与先前的经验有关;思维是心理行为,它与心理因素有关;思维具有主动性,它是在某种动机或意念驱使下的主观行为。思维可以通过学习、研究和操作

---

① 王受之. 世界现代设计史[M]. 北京:中国青年出版社,2002.
② 夏征农,陈至. 辞海[M]. 上海:上海辞书出版社,2010.

来完成,也是一种能力和技能。①

从广义层面而言,思维是能够客观反映物质世界的一种精神产物,同时也可以能动地反作用于物质世界,兼具物质和精神的双重属性。人作为唯一有丰富精神活动的动物,通过人脑开展精神活动,并能动地作用于所处的社会生活。因此,人类的发展史,也是思维的演进史。

思维作为人类特有的精神活动,来源于社会实践,同时也作用于社会实践。著名政治经济学家恩格斯曾说:"劳动创造了人。"人在劳动中创造了劳动产品,使人和社会得到了立身之本;而劳动也推动着人类思维的诞生和演变。感受、情感、记忆、想象等都帮助人类理解和认知客观物质世界,同时揭示事物的本质与运动的规律。因此,思维是人类精神世界中最高级的活动,能帮助人类开展认识活动。

巴甫洛夫从心理学的角度,根据人的第一信号系统和第二信号系统的不同特点,将人的高级神经活动,也就是人的思维活动分为三种类型,即艺术型、分析型、中间型。思维活动是在表象、概念的基础上进行分析、综合、判断、推理等认识活动的过程。②

艺术型的人的第一信号系统较为活跃。这一类人具备先天的想象优势,在艺术创作过程中能够通过想象建构出诸多具体形象,并以此为基础,通过思维活动进行艺术形象的再加工,从而完成较有创造性的艺术创作。

---

① 钱安明. 艺术设计思维方法研究[D]. 合肥:合肥工业大学,2007.
② 丁同成. 形象思维基础[M]. 北京:高等教育出版社,2008.

相对而言，分析型的人的第二信号系统占有优势，他们通常能运用推理及演绎的方式，理性地将概念进行解构，从而充分理解、建构"第二现实"，并将其运用于艺术作品。

中间型的人更具有代表性，大多数人都属于中间型。他们同时具备前两者的特质，能够综合地把握感性和理性。

有观点认为设计思维是创新思维的类型之一，也有学者将它描绘成创造性思维。从表象上看，设计思维是一种以解决问题为动力，以抽象思维为指导，以形象思维为外在形式，以创造审美意象为目的的具有创造性的高级思维模式。从某种意义上讲，设计思维是发散思维、收敛思维、逆向思维、联想思维、灵感思维以及模糊思维等多种思维形式综合协调、高效运转、辩证发展的结果，是人的感官、心智等与情感、动机、个性的和谐统一。[①]

（一）逻辑思维与直觉思维并驾齐驱

所谓逻辑思维，是一种能参照客观严谨的逻辑规律，进一步建构与再建构，最终获取符合逻辑的结论或正解的思维过程。

相较逻辑思维，直觉思维是一种全然不同的思维方式，其最大的特质在于"灵光一现"，即我们常说的"灵感"。直觉思维并不具备完整严谨的推导程序，更没有所谓的逻辑过程，其依靠下意识做出的反应或突然迸发的想法获取解决问题的方法。这种思维方式表现为强烈的"感觉"，它会跳过理性评价的过程，直接并迅速地作

① 钱安明.艺术设计思维方法研究[D].合肥：合肥工业大学，2007.

用于最终目标。尤利卡时刻,就是指灵感突现,找到一个明确的前进路径。"尤利卡"原是古希腊语,意思是"好啊!有办法啦"。古希腊学者阿基米德有一次在浴盆里洗澡,突然来了灵感,想出了他久未解决的计算浮力问题的办法,他惊喜地叫了一声"尤利卡"。直觉思维之所以有别于逻辑思维,是因为它摆脱了分析的束缚,赋予了创造者更多思索的自由性,但它同样也有一些弊病。

逻辑思维与直觉思维的并驾齐驱,体现在它们之间相辅相成的关系上。前者是后者的基础,而后者则是前者相对成熟后的产物。诺贝尔奖得主、苏联物理学家卡皮察说:"在科学发展的一个特定阶段,我们必须找出新的基本概念时,对于需要解决这类问题的科学家来说,知识渊博和接受过传统训练不是他们最重要的特征。"世界著名数学家高斯在谈到他求证数年无果而最后灵感突现的经历时说:"像闪电一样,谜一下子解开了,我自己也说不清楚是什么导线把我原先的知识和使我成功的东西连接了起来。"①缺乏直觉思维的人,很难进行富有创造力的创作。之所以有"新",是因为有直觉思维作为支撑点。若没有逻辑思维作为根基,直觉思维的创新也就没有着力点。当然,有了"新"的设想后,依然需要进行严谨客观的逻辑验证。这种推导过程,会规避仅依靠直觉所暴露出的问题。显然,逻辑思维在创作中有着不可缺少的重要作用。

如上文所言,富有创新性的思维发展,是建立在逻辑思维和直觉思维并行的状态下的。二者相互作用、相互关联,激活了更多的

---

① 贝弗里奇.科学研究的艺术[M].陈捷,译.北京:科学出版社,1979.

可能性。"灵光一现"的直觉能直指目标,但毕竟是假设,缺乏有关对与错的评判,此时就需要逻辑的严格论证来决定思维的走向。

(二)集中与发散齐头并进

集中思维,也叫辐合思维,顾名思义,就是通过聚合的思维方式,集中问题的解决办法,以稳健统一的思路,明确答案。也就是说,在集中思维的指导下,模式得以单纯化,避免了解决问题的过程中出现多指向、不明确等问题。

发散思维,又叫辐散思维,恰好是集中思维的逆过程,意指以目标为原点,向外辐散思维。它鼓励人们找寻不同的路径,多维度、多层面思索,探索多元化的问题解决方式。这种思维能够针对一个问题进行开放性的解答,思维的发散有助于探寻更多富有可能性的解答。

集中思维与发散思维看似对立,但蕴含着高度统一性。发散思维能进一步拓展人们思索的空间,提出诸多解决思路。集中思维能将不合理、不妥当的备选思路排除,留下能够反映问题本质的解决办法,以供进一步深入探索。集中思维和发散思维相互关联、相互制约,只有二者齐头并进才能有效准确地解决问题。它们的相互作用关系具体体现在如下两个方面。

其一,集中是发散的先决条件。集中思维的运用是大多数方法产生的条件,集中为发散奠定了基础。

其二,发散是集中的深入条件。现代社会中,感性思维的力量越发强劲,人们开始追求"标新立异"。但仅仅发散是不够的,发散是为了更好地集中。松散地去设想、去想象，并不是真正意义上的创造性思维。创造性思维的关键在于突破已有思维、解除束缚、进行创新。因此，发散思维为集中思维提供了深入的可能性，帮助人们打开思路、探索新路径，为之后的深入探索过程提供了保障。

创造性思维的主要内在因素包括"选择""突破""重构"。在创造性思维发挥作用的过程中，创造者依据既定条件去想象并进行有目的的选择和突破，这在创造性设计过程中必不可少。选择的目的就是突破，只有突破才能创新。因此，选择、突破和重构，三者缺一不可，都是创造性思维的基本构成部分和主要内容。

当代学者针对设计思维做了大量的研究，大致包括以下方面：其一，对个体的创造性思维进行研究，充分把握人在设计思维活动中的特征；其二，对设计思维过程进行研究，着重探讨相应的理论及其指导作用；其三，对设计思维中的创新技巧进行研究。

在传统的研究中，设计思维指的是"设计的思维"，强调的是设计过程中的创新。随着社会的发展、人文学科的进步，设计思维的内涵也在发生着变化。设计思维从传统意义上多种思维方式的融合性结果，逐渐指向一种流程化程式和符合产品内在价值的创新设计。

近些年关于流程化程式和符合产品内在价值的创新设计的提法也被称为设计思维（design thinking），这一概念是由劳森（Lawson）首次提出的，设计思维试图通过描述的方式表示设计流程中的一种不确定的属性。[①] 设计领域的学者试图将设计者行为,包括设计的进程及其与设计对象的创新性关系这一系列的创造活动,通过科学化的方式概括出一种程式化步骤。这种程式化步骤可以指导产品创作过程。这种步骤是一种产出优秀设计产品的内在的、固有的规范程式,或者说一种思维规律。

在这个过程中,有几个环节十分重要:首先是设计师的设计流程;其次是设计师的思维模式的运用方式;再次是设计师创作的策略模型,也就是概念模型;最后是这几个环节之间的相互关系。对这几个环节的研究,有助于构建符合认知规律和创作规律的设计思维理论体系。

在多数人看来,设计师的思维方式无迹可寻,因而很难模仿,更不用说去学习了。这其实是一种误解。优秀设计师的思维和工作方式其实是有共性的。设计思维反映了优秀设计师的思维和工作方式的共性,近似于规律或者流程。设计思维应用于管理学时,强调商业管理者要像设计师那样去思考。香港设计师陈幼坚曾经说过:"创意属于心理学。……这不只是平面设计,更是思维的方法。""苹果"创始人乔布斯喜欢书法,推崇"苹果禅",他将字体的简洁设计风格和"苹果"的设计理念相融合,这对他在商业上取得成功非常有帮助。

---

① LAWSON B. How designers think:the design process demystified[M]. Oxford,UK:Architectural Press,1980.

二、整体性、创造性是最典型的特征

整体性、创造性是设计思维最典型的特征。理性思维和发散思维的融合是最典型的思维融合方式。

设计思维是一种用科学的方法来梳理艺术创作的程式，是建立在思维的科学体系上的一种综合范式。前人曾强调："没有思辨精神，就没有进行科学创造的能力。"由此可见，创新能力离不开知识的累积和敏锐的直觉，更离不开理性思维。正如前文中提到的，设计思维具备感性与理性的双重属性。

发散思维是设计思维中重要的思维方式之一。发散思维也称辐射思维、放射思维、扩散思维、求异思维。发散思维在设计流程上表现为联想、综合和关联。设计师都非常善于联想和综合，但对于创新来讲，更重要的是关联。通过对已存在的产品进行有效的排列组合，可以对产品进行关联性创新。例如，苹果公司制造出了iPod，耐克公司则将自己的跑鞋产品跟 iPod 结合起来，生产出了开创性的 Nike Plus 产品。素兰设计师阿尔瓦·阿尔托希望木制家具能弯曲且韧性十足，因此他利用硅胶的特性研发出了硅合板曲木技术。华硕公司作为知名的科技公司，希望电脑能将技术和艺术结合，将办公用品属性和生活用品属性相关联以提升便利性，从而研发出了超薄平板电脑 EeePad。杨晓芳在《创造性艺术设计思维析释》一文中提到"在创造性艺术设计思维的进程中，发散思维主要解决设计思维目标指向，即艺术设计思维的方向性问题，起指引作用；

辩证思维和横向思维、纵向思维主要是为解决复杂的设计问题提供宏观的设计哲学的指导和微观的设计心理加工的策略;理性思维中的逻辑思维和非理性思维中的形象思维、直觉思维则是设计师的三种基本思维形式,也是创造性艺术设计思维的主体"。①

除此之外,还有很多不同的思维类型划分标准和适用于不同问题的设计思维方法,在此不再赘述。

第二节　设计思维的类型和创新方法

一、设计思维的类型

在人类文明的演进过程中,思维与物质一直是相辅相成的。其中,既包括被"思维"着的物质世界,也包括有物质性的思维。通过实践,可实现物质世界和思维活动的双向互动,反映客观世界的变化,即运动性。

人类思维包括哲学思维、逻辑学思维、自然科学思维、社会科学思维、综合科学思维、宗教文化思维、日常生活思维等。设计思维的类型和形式也具有多样性和复杂性:从表述的角度可分为形象思维、逻辑思维;从哲学的角度可分为具体思维、抽象思维;从认

---

① 杨晓芳. 创造性艺术设计思维析释[J]. 科教文汇,2008,1:183-184.

识的角度可分为抽象思维、形象思维、知觉思维、灵感思维；根据思维的发展水平及其内容可分为动作思维、形象思维、抽象思维；根据思维的主动性和创造性可分为习惯性思维和创造性思维；根据思维的特点可分为形象思维、抽象思维、灵感思维和创造性思维；根据思维的正常与否可分为正常思维与反常思维；根据思维的材料可分为形象思维和抽象思维；根据思维的进程可分为循常思维和顿发思维；根据思维的层次可分为感性思维和理性思维；根据思维的联想方向可分为纵向思维和横向思维；根据思维目标可分为发散思维和收敛思维；根据思维过程的呈现方式可分为显思维和潜思维；根据思维的方向可分为正向思维和逆向思维；根据思维的维度可分为单向思维和多向思维；根据思维的变化状况可分为静态思维和动态思维；根据思维主体的数量可分为个体思维和群体思维；根据思维的范围可分为封闭式思维和开放式思维。①

此外还有其他一些思维形式，如系统思维、直觉思维、模糊思维、模型思维、单一性思维、顺向性思维和反馈性思维等。

二、经典的设计思维创新方法

(一)头脑风暴法

智力激励法是创造学中的一种重要方法。其形式是一组人员针对某一特定问题各抒己见、自由讨论、互相启发，从多角度寻求

① 钱安明. 艺术设计思维方法研究[D]. 合肥：合肥工业大学，2007.

解决问题的方法。头脑风暴法的创始人是英国心理学家奥斯本（A. F. Osborn），他被称为"风暴式思考之父"。头脑风暴法也是典型的智力激励法。

头脑风暴法（Brain Storming）简称 BS 法，又称脑力激荡法、脑轰法、激智法、头暴法、智暴法、畅谈会议法等。"头脑风暴"是精神病学中的一个术语，指精神病患者毫无拘束地狂言乱语，引申为一种自由奔放的、无拘无束的、打破常规的思考方法。头脑风暴法提倡大家随意发表意见，尽情畅谈，使意见自然地发生相互作用，在头脑中产生创造力的风暴，以便提出更多、更好的方案，这是一种典型的综合激发创造方法。①

运用智力激励法是为了获取更多富有创造性的想法，以进一步解决问题。因此，应该在相对舒适、包容的环境中运用智力激励法，并贯彻一定的激励准则，从而获得大量且优质的设想。针对"激励准则"，著名社会学家奥斯本提出了"四项原则"②，具体内容如下。

其一，自由畅想原则。它要求创造者能够在设计过程中寻求富有新意的解决办法。创造者通过充分的思索，秉承开放的创意品质，进一步打开思路，摆脱传统思维的禁锢与束缚，克服思维惯性带来的诸多限制，运用多元的视角进行思考，提出"天马行空"的想法，解放思想，实现思维的充分拓展。同时，创造者能够充分发挥想象力，把握一定的创意原则（如逆向、发散、间接等思维形式），

① 钱安明. 艺术设计思维方法研究［D］. 合肥：合肥工业大学，2007.
② OSBORN A F. Applied imagination［M］. New York：Scribner，1979.

广泛搜罗创意。

不过,没有限度的自由畅想可能会造成一味求新求异的弊病,产生一些信马由缰的设想,但即便如此,也可以从中梳理归纳出有效的想法,从而启发进一步的创造。通过一定程度的变形,也能够获得富有价值的想法。

其二,延迟评判原则。延迟评判原则,意指在创意思维阶段着力于创意本身,而不做出评判性行为,以规避任何会打断创意过程的判断,给创意留出充足的讨论空间。之所以要求延迟评判,是因为边提出创意边评判会阻碍创意的拓展,而过早下定论极有可能错失一些优秀的设想。人们普遍存在跟随与从众的行为习惯,在讨论中加重评判的气氛会激活大家追求认同的潜意识。评判包括否定和肯定评判、语言和肢体语言评判等。发言者的自谦和相互间的吹捧或者讽刺挖苦都会破坏会议活泼、自由和热烈的气氛。虽然有些人没有用话语表达对他人想法的意见,但是用表情或动作姿势表现出来同样会破坏会议的激励气氛。自我评判会使人的思想受到头脑中已有知识、逻辑、伦理、感情等方面的准则的约束,导致提不出或不敢提出创造性设想。① 批评形式还包括自谦性的表白、否定性的评论以及肯定性的赞语。

日本创造学家丰泽丰雄说:"过早地判断是创造力的克星。"美国心理学家梅多和教育学家帕内斯在做了实验调查之后说:"推迟判断在集体解决问题时可多产生70%的设想,在个人解决问题时

① 钱安明.艺术设计思维方法研究[D].合肥:合肥工业大学,2007.

可多产生 90％的设想。"

其三,数量保障质量原则。事物的发展是一个螺旋式上升的过程。因此,量的积累对于质的飞跃有着举足轻重的作用。在讨论过程中,提出数量上的要求能在某种程度上进行适当的心理暗示,提醒讨论者不要分心,在短时间内集中精力搜寻更多的创意。

奥斯本发现创造性设想提出得越多、越广泛,有价值的、独特的创新型设想就越多,也就是说基数越大,可选出的高质量的成果越多。这说明创造性设想的基数和产生的高质量成果的数量之间成正比。这就是设计中常用到的数量保障质量原则。另外,要想获得理想的成果,就需要一个逐渐接近成果的过程,往往是前期的方案和想法越不理想,后期提出的想法中具有可行性的比例就越高。这就是所谓的"质量递进"效应。这是一个循序渐进的过程,大家不可能跳过之前的积累而直接得出结论。头脑风暴法经常是以量求质,用基本的数量级来冲击最后的优秀的创新性成果。因此,创造性成果的数量越多,就越容易获得接近完美的创新成果。

其四,综合完善原则。"最有意思的组合大概是设想的组合",奥斯本如是说。综合完善原则要求讨论者能够对他人的设想进行改善与优化,通过对其他方案的"综合完善",形成新的更为优质的创意。这一原则要求讨论者能够进行有效互动和高效沟通,以寻找"再创意"后的思维火花。真正有价值的创意,应该是能够被优化、再优化的,因此,讨论者的补充和探讨对创意的优化极为重要。优化的方法和原则是鼓励讨论者积极地参与到知识的互补过程中,用思维的碰撞来刺激信息增殖。讨论者通过讨论优化彼此的设想,也能够强化个人的创意能力、进一步提升个人的创意水平。

以上四条准则中,第一条偏重"新",这也是头脑风暴法的最终目标;第二条提示了头脑风暴法的实现环境,不应过早对想法进行评判;第三条凸显了增加创意数量的重要性;最后一条则强调了团队协作的重要性,成员间的启发与互动是得出最佳创意的关键。虽然头脑风暴法只是在小范围内开展的创意思维活动,但这四条基本准则能有效保障创意过程顺利开展,同时也指导着个人如何去提升创意水平。

(二)黑箱法

黑箱法是一种典型的创意思维方法。人类进行创造时都会利用脑中的"黑箱子"。因此,黑箱法可以协助大脑开展思维工作,延伸出更多优秀的想法。简言之,针对某一输入行为,通过封闭一个过程段,得到不同于输入行为的更多输出行为的方法,被称为黑箱法。黑箱法不揭示事物内部的运动规则,仅根据外部特征提出解决思路,可以跳过研究内部结构的复杂过程,直接从输入与输出关系上进一步考察客体的特质。这种方法与深入剖析事物本质、由表及里的研究方式有着本质的不同。

运用黑箱法进行思维创意,首先要把对象及其所处的环境充分分割,明确"黑箱";其次是对"黑箱"的特质进行考察,明确"黑箱"操作中的行为关系;最后则是进一步阐释、描述"黑箱"在实验中所发挥的作用,从而得出相应的实验结论。

（三）白箱法

白箱法与上文中提到的黑箱法相对。也就是说，在得到了更多的输出结果后，我们需要打开"箱子"的"盖子"，进一步去认识系统的内部结构与运行机制。从判断的方式来看，完全隐去内部本质的思维方式，通过输入与输出关系来把握事物特征的方法叫作黑箱法；强调研究事物内部特征的方法叫作白箱法；两者兼而有之的方法叫作灰箱法。白箱法强调了在输入、输出之间明确、透明地进行问题设计的办法。总结来看，它具有以下特征：

（1）在实验前明确设计过程中出现的变量和评判标准；

（2）重视分析阶段，不能跳过分析阶段直接进入综合阶段；

（3）评价阶段不能轻视逻辑，要注意评价的过程性；

（4）明确设计策略，并以其为基准再进入自动控制阶段。

所谓的"箱"，是针对一个相对完整的系统来说的。在这种实验中，可以将操作对象看成一个"箱体"，随后再以这个"箱体"为基准进行创作。正是因为创作前的"箱体"是不可预知的，存在着诸多可能性，会导向诸多结果，所以其被叫作"黑箱"。黑箱法，如上文所言，就是在一个完整的实验过程（输入—输出）中，对设想进行考察、推导、组合直至获得一定答案。在此基础上，开启"黑箱"，呈现箱体内部的情况，"黑箱"即变成"白箱"。因此，黑箱法与白箱法是实验的两个阶段，可以进行转化。

（四）二元坐标法

所谓二元坐标法，即把两组全然不同的事物放置于直角坐标系的 X 轴和 Y 轴上,通过交叉组合进行创意的方式。运用此种方法时,可以任意列举不同事物进行随机排列组合,也可以有针对性地将某一特定问题或事物进行归类后进行排列组合。此外,还有诸如将某一事物的特质置于 X 轴上,将事物的某些用途放在 Y 轴上,再加以排列组合的方式。二元坐标法的核心在于:通过对列举的事物进行各种形式的排列组合,激发思维、寻找创意,得出大量的新设想。

(五)5W2H 法

5W2H 法,是根据 7 个疑问词从不同角度探索创新思路的一种设计思维方法,其源于美国陆军最早提出和使用的 5W1H 法(也叫六合分析法)。5W1H 法通过从为什么(Why)、什么(What)、何人(Who)、何时(When)、何地(Where)和如何(How)这几个方面提出问题,考察研究对象,从而提出设想或方案。[①] 5W2H 法的核心要义在于通过对问题的归纳,来探寻事物本质,包括客体本质(What)、主体本质(Who)、存在的时间形式(When)和空间形式(Where)、存在的原因(Why)、影响的程度(How)等[②],之后,通过归纳与总结,把 How 拆解成 How to 与 How much,即从影响的角度进一步研究如何做与做到什么程度。

5W2H 法将构成事物的所有基本元素进行梳理与归纳,进而对这些元素的内涵与外延进行深入分析。这种方法最大的特点是

---

① 段正洁.5W2H 法在设计方法教学中的应用[J].新西部(理论版),2012(8):224.
② 段正洁.5W2H 法在设计方法教学中的应用[J].新西部(理论版),2012(8):224.

全面、明确并且具有深度,因此常用于设计初期的目标定位、对概念设计与产品方案的可行性分析。

(六)六顶帽子思维法

六顶帽子思维法也是颇具建设性的创意思维方法,最早由狄泊诺博士提出。狄泊诺博士认为,发明这种新的思考问题的方法的目的在于改变过去的思考习惯,因为传统的思考习惯是被"争论"和"批判"支配的,这种思考习惯适合古希腊和文艺复兴时期那种非常稳定的社会环境。[1] 然而,传统思维的主要问题在于缺乏颠覆性设想,即在创意提出过程中或许会发现不少小问题,这些小问题也能得到一定程度的改善,但这种改善却是点到即止的。

当下快速发展的新媒体时代对创意的诉求与日俱增,人们不再拘泥于循规蹈矩的传统思维观念,提出了对问题设计、机遇把握和潜能激发的更高的要求。六顶帽子思维法凸显了并行思考的优势,取代了过去对一个设想的单纯机械的重复,它解放了思想,能够获得更多有效的创意表达。

六顶帽子思维法,顾名思义,代表了六种不同的思维方式,而"帽子"是对思维的一种形象比喻。在这种创意思维方法中,每一顶帽子都被赋予了一种特定的颜色,颜色本身与帽子的功能相关。

黄色帽子:黄色喻示肯定与阳光,代表乐观与充满希望的思维方式。

---

[1]　钟常富. 六顶帽子帮你换脑[EB/OL].[2015-11-13]. http://www.docin.com/p-509227911.html.

白色帽子:白色喻示客观与准确,观照的是数字与客观事实。

黑色帽子:黑色喻示否定与消极,更多地探讨"为何不这样做事情呢"。

绿色帽子:绿色喻示生机与创造,表示对创造力和新设想的希望。

红色帽子:红色喻示愤怒与生气,强调情感方面的想法。

蓝色帽子:蓝色喻示冷静与克制,突出对思维过程的协调与掌控。

六顶帽子思维法主要有两方面的作用。其一,可以进一步解放思想,简化思维。它要求创意者在规定时间内集中精力做一件事情,因此创意者不必兼顾情感、环境、心理等方面的内容,可以分别处理它们。比如创意者想通过红帽表达感情,此时,大可不必用清晰的逻辑去包装这份没着没落的情感,因为之后黑帽可以处理。其二,可以转换思路。比如在某次讨论中有一个人始终坚持否定的态度,此时这个人可以被要求摘下黑帽,这个动作就在提示这个人他/她一直在否定。同时,另外一个人可能会被要求戴上黄帽,即提示他/她进行肯定评价。六顶帽子思维法是客观公正的,不以人的权威为转移。在这场游戏中,帽子的戴上与摘下成为人们思维方式变化的一种重要路径,能够真正有效地提升创意者的并行思维。

这些设计思维的创新方法在学界和业界都得到了广泛的应用,产生了很好的效果。只有综合地运用这些方法,才能使创新设计事半功倍。当前,设计思维的创新方法主要应用在教育领域,例如企业的快速决策训练（rapid decision training）、经验设计训练（experience design training）以及商学院的设计课程等。关注教育领域的设计思维的发展情况对于研究设计思维在互联网产品设计中的应用具有重要的实际意义。

第三节 设计思维教育的发展及现状

20 世纪六七十年代是设计思维教育刚兴起的时代，当时的很多设计活动都可以被视为"设计思维"。而这个词的真正出现，是在 20 世纪 80 年代，它随着人性化设计的兴起而引起世人的瞩目。

在科学领域，把设计当作一种"思维方式"的观念可以追溯到哈伯特·西蒙于 1969 年出版的《人工制造的科学》一书；在工程设计方面，更多的具体内容可以追溯到罗伯特·麦克金姆（Robert McKim）1973 年出版的《视觉思维的体验》一书。到了八九十年代，罗尔夫·法斯特在斯坦福大学任教时，扩大了罗伯特·麦克金姆的工作成果，把"设计思维"作为创意活动的一种方式进行了定义和推广，之后"设计思维"通过他的同事戴维·凯利被 IDEO 设计公司应用于商业活动。彼得·罗 1987 年出版的《设计思维》是首次引人注目地使用这个词语的设计领域著作。它为设计师，包括城市规划者和工业设计从业者，提供了实用的解决问题的依据。1992 年，理查德·布坎南（Richard Buchanan）发表了文章，标题为《设计思维的险恶的问题》,他认为设计思维在处理设计中的棘手问题方面的影响力越来越大。今天,对设计思维的理解和认知已经引起了学界和业界的关注,学业和业界也持续举办了一系列关于设计思维的专题研讨会和国际级学术会议。

"设计思维教育"是 21 世纪初在世界知名大学中兴起的一种复合性创新人才培养模式。它于 2005 年诞生于美国斯坦福大学,2007 年由波茨坦大学 HPI 学院引入欧洲。它是一种整合人文、商业和技术等要素的创新教育方式,在欧美已经形成了一套独特的创新能力培养体系。

设计思维教育通过科学、完善的教学流程,建立跨学科的协作团队,系统培养和发掘人的创新能力,解决各类实际问题。目前美国麻省理工学院、法国巴黎高科大学、悉尼科技大学等国际顶尖高校都开设了设计思维教育课程。

德国波茨坦大学汉索-普拉特拉学院(Hasso Plattner Institute)在德国大学体系中独树一帜,这是德国第一所完全由私人募捐建设而成的教育机构,是德国唯一授予信息技术系统工程学位的教育机构。相较于传统的计算机专业,其培养方案更能满足实践应用的需要。其下设的设计思维学院为不同学科背景的学生提供创新性专业课程,以培养他们的创造性思维。2006 年 12 月,汉索-普拉特拉学院举办了首届德国信息技术峰会,这体现了德国政府对该学院的充分肯定。此外,该学院与斯坦福大学、麻省理工学院等享有盛誉的高等学府有着广泛的国际交流与合作。

中国传媒大学近年来也一直密切关注设计思维教育项目的发

展,并与德国波茨坦大学签署了一系列的相关合作协议。中国传媒大学多次邀请德国波茨坦大学温伯格教授来校讲座,并开设训练工作室;在建立设计思维教育体系方面开展了大量的筹备工作,目前已有四批骨干教师赴国外参加培训并取得授课资质认证。中国传媒大学中德设计思维创新项目的顺利启动,标志着国际上专门提升学生创新能力的设计思维课程正式落户中国。

第四章 设计思维在互联网产品设计中的应用

第一节 互联网产品概述

一、互联网产品的概念界定

在大众消费品行业,提到"产品"一词时,大部分人脑海中会浮现出一个非常清晰的实体,例如一把椅子或一支牙刷。但在互联网行业,"产品"一词就显得格外抽象:第一,互联网产品通常是指软件,而不是实物;第二,这些软件通常并不安装在电脑里,而是直接运行在远端服务器上,甚至是运行在抽象的"云"里。互联网为社会提供服务,互联网产品也是。

要理解互联网产品的基本概念和范畴、分析互联网产品的特点,就必须首先了解什么是产品。

　　《中国大百科全书》中对"产品"是这样定义的：产品一般指物质生产领域的劳动者所创造的物质资料；广义上指具有使用价值、能够满足人们的某种需要和欲望的东西。按产品完善程度可分为试制新产品、未定型产品、定型产品、标准化产品等。社会需要是不断变化的，因此，产品的品种、规格、款式也会相应地改变。

　　在传统的理解中，产品首先属于物质生产领域，是要满足人们的某种需求的，而且是人工制造的。根据需求的不同，产品的功能、类别以及完善程度也是不同的。随着社会物质文化的极大繁荣和发展，产品的狭义和广义定义都有着鲜明的时代特征。在百度百科中搜索"产品"，可以看到这样的解释："人们通常理解的产品是指具有某种特定物质形状和用途的物品，是看得见、摸得着的东西。这是一种狭义的定义。而市场营销学认为，广义的产品是指人们通过购买而获得的能够满足某种需求和欲望的物品的总和，它既包括具有物质形态的产品实体，又包括非物质形态的利益，这就是产品的整体概念。"①

　　在传统的概念中，产品首先是物质的，是实实在在、摸得着、看得见的。而在精神产品极大丰富的今天，这个概念的范畴应该有所突破了。例如，人们走进音乐厅欣赏了一场交响音乐会，花了钱，但是没有拿到任何具有实际形状和用途的物品，难道能说消费者没有购买产品吗？当然不能，因为这里金钱购买的是精神产品。显而易见，在社会经济学和市场营销学的参与和影响下，广义的产

---

① 百度百科"产品"词条［EB/OL］.［2018-11-15］. http://baike. baidu. com/view/352555. htm.

品既包括具有实体的物品,又包括非物质形态的利益。只要能满足人们的某种需求和欲望,无论它是有形还是无形的,是物质的还是精神的,都可以被称为产品。

互联网产品这个概念,从字面上看,就是在互联网上的各种满足大众需求的产品。现在,我们已对互联网产品有了初步的理解。而对互联网稍有理解的人会提出很多相关的问题,比如:电脑是互联网的基本终端,那么电脑上的软件也是互联网产品吗? 互联网上的节点是网站,那网站也是互联网产品吗?

我们对产品的定义有了基本的了解后,就可以对网络信息时代的典型产品——软件和网站进行基本的区分了。这就要从信息技术行业说起。信息技术行业就是人们通常所说的 IT(Information Technology)行业,而软件和网站只是 IT 行业里面的两个技术领域,而不是两个行业。

通常,在专业领域里,软件是基于消费者和服务的产品,而网站是基于商户和服务的产品;软件是基于操作系统运行的产品,一般需借助桌面平台运行,网站是基于网络运行的产品,一般需借助浏览器运行。开发软件的工程师考虑的是用何种开发模式,比如是面向对象还是面向过程。因为应用软件的用户只需要面对浏览器,所以软件开发者不用考虑可访问性指标,也不用考虑分辨率和兼容性的问题,更不用考虑搜索体验的标准化等问题。因为网站用户面对的不只有浏览器,所以网站的指标、参数涉及面更广,专业技术的发展速度也更快,节奏和流程也更加迅速和复杂,需要的团队开发和管理成本相对更高。也就是说,从产品的角度看,网站要比软件复杂，这主要是由于网站要考虑到可访问性、可用性、标准化、兼容性以及友好性等方面。

网站是在网络环境下产生的，在实时性、部署方法上和桌面软件是不一样的。举例来说，对于页面响应速度这一因素，在做桌面软件的时候很少考虑，因为数据都在本地，响应速度都非常快。而对网站来说，页面响应速度是非常重要的一个指标和因素。国际知名公司亚马逊在进行客户调研的时候曾做过一个实验，结果是：他们网站的首页响应速度每下降 0.5s，转化率就相应下降 1% 左右。1% 看上去很小，但 1% 的转化率在商业效益上换算成真金白银可能就是几千万美元。也就是说，在网络环境下要考虑一些特殊的东西，但是现在绝大多数应用软件都具备了基于网络的功能，所以网站与软件的差别越来越小。

在当前的信息爆炸的网络时代，日益丰富的电子产品让人们越来越依赖网络；随着 IT 行业与互联网的结合越来越紧密，软件产品也越来越注重其网络交互功能，越来越多的软件产品与网络应用相融合，成为基于网络的软件产品。

基于网络的软件产品是互联网产品中的一部分，网站也是互联网产品的一种基本类型。软件设计和网站设计有共同的设计要点，也有着截然不同的独立和完善的流程体系。从最初的网页设计到交互设计，再到用户体验设计；从 2007 年出现的"web based prototype"到"web based design"，再到今天提倡的"web based product"，互联网产品和互联网产品设计的概念逐渐清晰，并在业界流行起来。

互联网产品,通常指的是基于互联网领域的、提供某种应用服务的、用以经营并且满足互联网用户某种需求的无形载体,其典型形态为网站功能和服务的集成,包括内容、功能、设计、盈利方式、客户服务体系和用户整体体验等方面。

二、互联网产品发展的历史背景

1987 年 9 月 20 日,中国互联网之父——中科院计算机网络信息中心钱天白教授,发出了第一封电子邮件,成为使用中国互联网产品的第一人。时至今日,中国互联网企业经历了坎坷岁月的磨砺,创造了无数的互联网产品和应用。IT 业前辈多年以前的作品,如严援朝的 CCDOS、倪光南的联想汉卡、王永明的五笔字型、求伯君的 WPS、王志东的中文之星等都堪称中国互联网产品发展历史上的里程碑。

在中国互联网行业兴盛之初的互联网高科技公司中,就算是只有几十人的创业公司也不缺博士、硕士这样的高学历的知识型人才。当时凭借网络资源优势,互联网这一新奇事物中似乎遍地是黄金,人人都想凭借一己之力在互联网挖掘第一桶金。而当时对网络资源的利用并不合理,甚至可以说是混乱的,多数人看到了互联网的大好前景,却没有明晰的发展和盈利模式。互联网是最"烧钱"的行业,烧到后来,再新奇的想法都无法直接转化成真正的经济利益。各互联网科技公司纷纷"冻结",有的甚至直接关门闭户。坚持下来的,目前基本上都已经在行业里有了一席之地。在互联网这个新兴的行业里，我国的多数企业尚属摸着石头过河。对市场的认知不足、对客户的定位有偏差都可能引来巨大的风险，甚至导致企业消失。

中国互联网行业的发展映射出的国际互联网行业的发展也是同样坎坷。2000 年是互联网经济泡沫破裂的一年，从 2000 年到 2002 年的下半年，这段时间是互联网投资者难熬的冬天，大批投资者亏损巨大。其间，数百家互联网公司由于各种原因被迫关闭。当时美国纳斯达克的调查显示，许多股指高达 5000 点的高科技公司，在一天之内就蒸发掉了 10% 的市值。但是，在互联网泡沫的阴影依然存在的时候，2001 年维基百科的出现代表着互联网产品在社会化进程上踏出了坚实有力的一步。

人们对互联网的真实需求是互联网行业发展的核心动力，熬过了寒冬，互联网行业在 2002 年迎来了复苏。能坚持到这一年的，都是行业内真正赢利的企业。2002 年美国纳斯达克全线飘红，当年 7 月份，中国三大门户网站——新浪、搜狐和网易均宣布盈利，互联网行业迎来了融资的曙光。同时，在"数字奥运"的响亮口号号召下，中国的信息化建设快速推进：电子政务建设得到了国家的高度重视；互联网协会的运转步入正轨；三大门户网站翻开了商业盈利的新篇章；网络媒体的规模持续扩张。在行业持续发展的背景下，微博资讯、网络电视等新的媒体形态开始崭露头角，新浪和搜狐"打响"了新闻资讯方面的门户大战，谷歌和百度开始争抢搜索引擎的第一把交椅……中国的互联网产品迎来了大发展时期。

时至今日，微信、淘宝、支付宝、饿了么、摩拜单车、QQ、天猫商城等众多互联网产品给我们的工作生活带来了极大便利。

第二节　互联网产品设计的特征分析

一、互联网产品设计的特点

宾夕法尼亚大学卡尔·乌尔里希（Karl T. Ulrich）教授和麻省理工学院史蒂芬·埃平格（Steven D. Eppinger）教授合作编写的产品设计方面的经典著作《产品设计与开发》开篇就探讨了成功的产品设计和开发的特点。书中指出："从以营利为目的的企业的投资者角度看，成功的产品开发将获得可以生产并可获利的产品，然而迅速并直接评估这种概率是很困难的。"常用于评估产品开发工作效果的 5 个特定维度是：产品质量、产品成本、开发时间、开发成本、开发能力。产品质量是决定利益和市场竞争力的根本因素；产品成本决定了生产者可获得的利润；开发时间决定了生产者获得经济回报的周期，影响着产品更新的频率；开发成本与产品成本不同，在为获得利润而进行的投资中占有很大比重；开发能力是生产者用以确保持续而有效地开发产品的能力。

产品质量、产品成本、开发时间、开发成本、开发能力这五个方面决定了产品的最终效益和市场竞争力。在互联网产品设计中，产品质量的决定性因素是用户体验设计（UED，User Experience Design）。UED 就是"为了让一切美好地呈现在用户眼前"的设计。这不是一名设计师或者一个人的工作，这通常是一个团队的工作，包括交互设计师、视觉设计师、用户体验设计师、用户界面设计师、前端开发工程师，等等。

UED 是互联网产品设计的第一大特征，直接决定了互联网产品的质量，也影响了产品的最终效益和市场竞争力。阿里巴巴中国站用户体验设计部成立于 1999 年，全称是 User Experience Design Department，内部花名为"有一点"，是阿里巴巴集团最资深的部门之一。其直接面向阿里妈妈、支付宝、淘宝网以及阿里巴巴数据仓库等拳头产品。

网易用户体验设计中心（UEDC），成立于 2008 年底。这里有百余名来自五湖四海的优秀设计师和一流的互联网设计团队。他们的口号是：以"不断提升网易产品用户体验，带给用户良好的上网感受"为目标而努力。用户体验设计中心主要负责网易门户网站、邮箱、博客、无线产品、交友产品、基础产品等，这些均为网易公司的重量级交互产品。

以用户为中心的设计（UCD，User Centered Design）是互联网产品设计的第二大特征，指在设计过程中以用户体验为决策的中心，强调用户优先的设计模式。简单地说，就是在进行产品设计、开发、维护时从用户的需求和用户的感受出发，以用户为中心进行产品设计、开发及维护，而不是让用户去适应产品。无论是产品的使用流程、信息架构还是人机交互方式等，以 UCD 为核心的设计都高度关注并考虑用户的使用习惯、预期的交互方式、视觉感受等。①

UCD 大社区是中国关于 UCD 研究的最大、最全面的网络论坛，有产品市场、设计思想、用户研究、信息和交互、视觉设计和设计之外等分类，人们可以分门别类地探讨 UCD 设计的各个环节的内容和经验。论坛中有很多实践资讯，为互联网产品设计的从业人员和研究人员提供了翔实的案例和有效的经验。②

生命周期规律是互联网产品的第三大特征。美国哈佛大学教授雷蒙德·弗农(Raymond Vernon)在 1966 年提出了产品生命周期理论。他指出典型产品的生命周期一般分为四个阶段，即导入期、成长期、成熟期和衰退期，如图 4-1 所示。

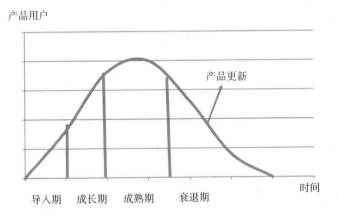

图 4-1　产品的生命周期

① 百度百科"UCD"词条[EB/OL].［2018-11-17］. http://baike. baidu. com/view/916814. htm.
② 资料来源于 UCD 大社区(http://ucdchina. com/)。

　　导入期是产品投入市场，用户对产品尚不了解，生产者对产品进行宣传推广的阶段；成长期是产品逐步获得用户认可并逐渐打开市场后，需求量和销售额迅速上升的时期，此时的利润可以达到产品生命周期利润的最高点；成熟期是产品销量稳定之后，市场逐渐饱和，生产者为提高产品竞争力不得不加大投入进行再包装、再宣传的时期；衰退期是指产品已经完成了它的市场使命，市场上已经出现了其他性能更好、价格更低的新产品，该产品进入了淘汰阶段。

　　早期，在新浪微博、腾讯微博、人人网、开心网的流量出现典型趋势时，人人网还存在一个前身数据平移的现象。当时 Google trends 搜索到的数据是以所在时间段的全球平均访问量为基础的，图 4-2 非常直观地显示出了互联网产品的生命周期。

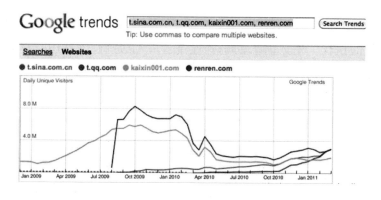

图 4-2　新浪微博、腾讯微博、人人网、开心网流量趋势

　　从图中可以看出，新浪微博和腾讯微博在图示这段时间内还处于产品导入期，而人人网和开心网的流量趋势基本上是完整的互联网产品生命周期抛物线图示。人人网前身是校内网，所以它的导入期非常短而且增速非常快。人人网和开心网这两个互联网产品在产品成长期和成熟期的流量信息基本一致,并且在衰退期出现了同样的反弹现象。也就是说,在产品的成熟期过后,运营者为了保证产品的持久竞争力,会对产品进行更新,之后就进入了衰退期。

产品更新是互联网产品设计的第四大特征。产品更新的要素有两个:一个是更新功能,另一个是更新频率。产品更新直接受到互联网产品生命周期的影响。

产品功能更新是指根据用户的反馈,对原有功能进行升级或者发布新的功能。功能更新源于对市场、用户和竞争对手的反馈信息的了解和分析。互联网产品的目标是为用户提供服务,这就要求创作者在设计产品时必须不断明确用户的需求,也就是迭代。迭代,顾名思义就是不停更新换代,在设计上就是对某个设计进行反复的执行。用户需求的不确定或经常性更新,以及用户试用产品概念模型后的反馈,都是推动迭代开发的周边性因素。显而易见的是,在成熟期之后,开发者为了提高产品竞争力会对产品进行再创作、再包装、再宣传。只有适时地更新产品,才能再次提升竞争力,降低产品的衰退速率。

产品的更新频率是延缓产品衰退的重要因素。若要根据用户需求更新产品的功能,开发者就要定期走访用户,因为使用户保持对此产品的关注度和使用热情是非常有必要的。应控制好产品的更新频率,既不能更新得太快,使用户尚未熟悉旧版本就要接受新版本,也不能更新得太慢,以免用户丧失继续关注产品的耐心。

产品更新的过程与人类发展的过程相似。达尔文在《物种起源》中系统地阐述了他的进化论，其核心是生物在繁殖和进化过程中，必须为生存而斗争，在同一种群中，经过长期的自然选择，微小的变异得到积累并最终成为显著的变异，由此产生新物种。产品更新受用户选择的影响，用户总是在现有需求得到满足的基础上提出更高的要求。

用户需求是互联网产品设计的最终驱动力。互联网产品设计是一种服务性的设计，以提供良好的服务和创造良好的体验为目标。所有的设计都源于用户的期望，和其潜在需求密切相关。互联网产品通过帮助用户创造产品价值，优秀的互联网产品会令用户感动。经典的互联网产品设计不仅能使用户感知到产品的内涵，更可以引发集群效应、创造社会价值。同时，经典的互联网产品设计在某种程度上对用户需求起到了引领作用。

二、设计思维在产品设计中的应用

以产品设计和创新见长的全球顶尖设计咨询公司 IDEO 是最早提出并践行设计思维理论的企业。作为其创始人之一的戴维·凯利（David M Kelley）是美国工程院院士，同时也是斯坦福大学的教授，他一手创立了斯坦福大学的设计学院（D-school）。IDEO 设计公司时任 CEO 蒂姆·布朗（Tim Brown）在 2011 年出版的 *Change by Design*（中文版的书名为《IDEO，设计改变一切》）荣膺当年亚马逊畅销书榜冠军，其创新理念影响了无数设计人士。他在《哈佛商业评论》上发表的文章中说："像设计师一样思考,不仅能改变开发产品、服务与流程的做法,甚至能改变构思策略的方式。"

设计思维不仅是一种创新的技法和想法,而且是一种涵盖服务、界面、体验、规划以及发展战略的科学化的创新设计和实践方式。20世纪八九十年代,罗尔夫·法斯特在斯坦福大学任教时将罗伯特·麦克金姆提出的视觉思维的体验扩展到了设计思维领域。他的同事戴维·凯利在1992年成立IDEO设计公司之后,将其运用到商业实践中,发展了设计思维的理论体系。

斯坦福大学设计学院的罗尔夫·法斯特最初将设计思维分为五个步骤:观察理解、分析总结、头脑风暴、原型设计、测试。

在观察理解环节,设计师通过观察、深入访谈、切身体验等方式对设计对象进行全面、深入的了解;然后通过分析总结,确定关键问题和设计机会点;通过头脑风暴环节,发散思维,大胆提出各种解决方案;在原型设计环节,将筛选的想法可视化,以模型测试想法的可行性;最后,在测试环节将所有元素整合,进行仿真模拟。①

在设计领域,美国人领先全球,但走到设计思维这一阶段,仍旧用了十几年的时间。经过后期发展的设计思维主要有六个步骤:理解、观察、定义、创作、原型、测试。

---

① 车明阳.设计思维驱动社会创新[EB/OL].(2013-09-13)[2014-11-21].http://www.21cbh.com/2013/9-13/yOMTM5Xzc2MDIyOA.html.

设计思维的执行需要移情能力、想象力及实验、融合构造、整合思想和反复学习认知过程。设计思维是一种"泛设计"的思维，它结合工程学、社会学、人类学、心理学等领域的知识和内容，来找寻正确的解决问题的方式。设计思维不仅是一种思维方式，更是一种技术，设计思维可以和计算机技术结合来优化定义问题、创造多种选择、提炼和强调已知项、选择最佳项并执行等各种技术实现环节。

设计思维应用于互联网产品设计时，除了使用传统创新型思维的方法之外，还偏重于使用人种志调查、情景调查、访谈调查、竞品分析和用户对比分析等方法。运用设计思维过程中所使用的工具包括白板、记号笔、N 次贴、展示线框、视觉模型、原型制作材料等。

设计思维流程可被归纳为三点：理解与观察、创造与构建、测试与学习。首先发现问题和机会，寻找解决方案；然后了解用户的需要并与竞争产品进行比较，评价产生的设计思想，根据想法提出概念模型；最后收集反馈，设计出实际产品并进行测试，从而实现产品产出。

来自西班牙特内里费拉古纳大学（ULL）计算机技术学院的卡丽娜·冈萨雷斯（Carina S. Gonzales）、埃韦里奥·冈萨雷斯（Evelio Gonzales）、瓦妮莎·穆洛兹·科鲁兹（Vanesa Munoz Cruz）、何塞·西格特·萨维德拉（Jose Sigut Saavedra）在 2011 年开展了关于将设计思维与以用户为中心（UCD）的方法论结合的课题研究。他们将一些设计思维的思考方式运用到以用户为中心的方法论中来提升学生的创造力与感受用户需求的能力。这个课题的研究成果提出：在以用户为中心时，设计者应当使用用户分析、任务分析、信息构建、用户界面设计、实用性测试等方式。拉古纳大学要求学生以团队形式运用创新探索能力、构建能力和换位角色扮演来设计软件和其他互联网产品的实验和教学，都以提升设计者的创造力、制造服务于用户需求的互联网产品为最终诉求，取得了良好的效果。

三、中国互联网产品应用现状分析

从新闻服务模式到电子商务平台，从点对点的沟通平台到SNS群体社区，中国互联网产品目前走过了十几年的发展历程。今天，横跨广电网、电信网和万维网的三网合一服务模式，正在书写互联网产品应用的新篇章。2014年4月，电信业务的虚拟运营商已经正式获批开展业务，三网融合开始逐步颠覆订制服务的传统概念。

(一)中国的经典互联网产品

1. B2B平台阿里巴巴

从中国互联网产品的发展历程看，阿里巴巴位列中国经典互联网产品首位，主要是因为其B2B模式具备全球化商业价值，在互联网时代建立了除搜索引擎外的商业生态系统。当然，依托于阿里巴巴的支付宝，也是当今互联网金融领域中首屈一指的产品。

2.新浪

新浪作为新闻平台不生产新闻,而是通过整合新闻来构建完整的商业产业链。新浪拓展了新闻的服务模式。在 2005 年的博客巅峰时期,新浪二次创新,成功运用二八原则来增强名人效应,把其余的博客网斩落马下。2010 年微博登陆国内,也是新浪使其在 Web2.0 时代迅速蹿红。此后一系列数据表明,新浪最初对微博市场的预判非常准确。

3.腾讯 QQ 和微信平台

腾讯开创了以 QQ 为平台的互联网服务、移动通信增值服务、网络电子商务等商业模式。虽然很难说清楚微信和 Kikmessenger、米聊、Talkbox 在国内出现的先后顺序,这些产品的核心价值也不尽相同,但按照周鸿祎的话说,微信是腾讯少有的创新性产品。

4.C2C 平台淘宝网

淘宝网堪称中国电子商务的代名词。2003 年淘宝网建立,凭借免费的优势将 eBay 杀回老家。在立志"免费到底"之后,它"挤走"了腾讯拍拍等同质产品,独霸互联网电子商务 C2C 平台。后来当当、京东、一号店出现,垂直电商开始"混战",而 C2C 平台依旧是淘宝网一家独大。

5.百度

谷歌公司向来凭借创新能力立足搜索引擎领域,而在中国,能称得上最具创新能力的搜索引擎还是百度。中国很多创新应用都是从百度开始的。百度知道、百度贴吧、百度百科都是基于中国互联网市场的创新服务产品。百度对 Hao123 的收购是基于对本土市场和用户的深刻理解的。Hao123 是一款纯本土化的互联网产品,覆盖 60%的乡镇互联网用户。事实证明,百度对 Hao123 的收购是正确的。基于对重量级移动互联网入口的迫切需求,2013 年 8 月,百度以 18.5 亿美元收购 91 无线,超过雅虎对阿里的 10 亿美元投资,这成为当时中国互联网行业中的最大宗收购。至此,百度形成了移动搜索＋地图 LBS＋App 分发的移动互联网三大入口,将 PC 互联网入口搬到移动互联网,完美实现布局移动互联网的战略。

6. 豆瓣

2005 年,"豆瓣猜你会喜欢"出现在互联网上,提供类别化社区服务。作为本土化的生活服务类互联网产品,豆瓣堪称中国本土互联网产品中的经典产品。

此外,还有许多优秀产品,像饿了么、摩拜单车这类针对用户某种刚需打造的互联网产品近些年蓬勃发展,极大地便利了人们的工作和生活。这些优秀产品让我们看到了中国创新的力量,也启发了很多互联网创业公司。

(二)本土化产品案例

1. 豆瓣

网络下载和网上购物出现之后,即使在最小规模的城镇,人们的选择也在成千上万地增加。人们能不停地发现新奇的、自己喜欢的东西,但是多数都无法记录下来。媒体的发展让影视大片随处可见，人们可以从网上查找自己喜欢的大片，但是依然很难找到特定类别的小众类型片。而且，不论电视和广播节目如何细分，某一类节目并不能满足用户的全部诉求。而最有效的帮助往往来自用户的亲友和同事，每天见面和时常沟通交流使得他们熟悉用户的喜好，而且他们会推荐很多用户喜欢的东西，这种感觉时常会让用户感到惊喜，而且用户的品位和选择也会慢慢地渗透到他们的喜好中。例如用户会给新晋的妈妈们推荐《育儿大全》，也会给电影制作和爱好者推荐《阿凡达》，只是可惜的是，用户所有的亲友和同事加起来对用户的喜好的了解也是有限的。用户需要寻找志趣相投的人作为朋友，拉近彼此距离，组成一个小团体。就是基于这样的目标，豆瓣提出"无论高矮胖瘦，白雪巴人，豆瓣帮助你通过你喜爱的东西找到志同道合者，然后通过他们找到更多的好东西"[1]。

"豆瓣没有编辑写手，没有特约文章，没有六百行的首页和跳动的最新专题；豆瓣的藏书甚至没有强加的分类标准；这里所有的内容、分类、筛选、排序都由读者成员产生和决定。"[2]豆瓣相信大众的力量、多数人的判断和数字的智慧。通过网站后台不断完善的算法，有序和有益的结构会从无数特异而可爱的个性中产生。

豆瓣的每个开发管理者都是豆瓣的用户，他们分享着自己心爱的发现，也从每一位受众的参与中受益。UGC即用户创造内容，这是豆瓣上最重要和有益的内容。

豆瓣电台，和你喜欢的音乐不期而遇。豆瓣电台是豆瓣网推

---

① 曹海涵. 居民小区数字化社区构建方案研究[D]. 成都：电子科技大学，2007.

② 关于豆瓣[EB/OL]. [2015-06-13]. http://www.douban.com/about.

图 4-3　豆瓣电台首页

出的一个在线音乐收听产品。图 4-3 是豆瓣电台首页。

电台是单向传播的，豆瓣电台就是私人化的定制化的单向传播媒介。豆瓣电台是一个基于爱好的音乐播放电台，通过个人品位来推荐音乐。豆瓣电台的基本功能很简单，它只有三个主要按钮——"喜欢""不再播放""跳过"。豆瓣电台是主动推送内容给听众的，因而需要与听众交互的地方少，按钮也就少。简洁明了的设计在这里是极恰当的。

与其他传统的音乐网站相比，豆瓣电台的创新之处在于，它通过网友在豆瓣音乐社区中标记的标签来划分音乐类别，这样可以根据网友的兴趣推荐其喜欢的音乐。豆瓣电台正是通过"喜欢""不再播放""跳过"这几个简单的动作，计算分析出用户喜爱的曲风，从而为其准备好下一首歌。这个看似简单的产品，却强大得令人欣喜，更有网友发帖惊呼"豆瓣电台是带给我感动和惊喜的产品"。

　　豆瓣的创始人阿北(杨勃)说:"推荐技术,是豆瓣依靠的生存方式。众所周知,个性化推荐最适合电影、音乐。""网络电台的运营对于一个小公司而言是很困难的,必须得有雄厚的资本去操作这个项目,因为最重要的两方面——音乐版权和网络带宽都是需要强大资金储备的。"在产品设计师的眼中,豆瓣电台是豆瓣厚积薄发的产物。

　　除了私人电台,豆瓣还有公共电台,公共电台又提供几种可供选择的风格,有地区语言(华语、欧美、法语、日语、韩语、粤语等)、流派(民谣、爵士、摇滚、古典等)、年代(七零、八零、九零)等分类的细分频道,可以最大限度地满足听众的个性化需求。

图 4-4　豆瓣电台的歌单

按照一般的产品设计思路，做一款音乐类产品的第一个想法是做万能音乐播放软件，同时提供海量音乐的搜索、分类、下载等服务。豆瓣电台却别出心裁，让用户第一次使用的时候，就被这款产品的创意折服：喜欢的歌曲可以加个"心"，以后也许还会不期而遇；不喜欢的歌曲可以扔到垃圾桶中，以后再也不会播放。无论是从设计还是从使用体验上看，豆瓣电台都让人喜欢。豆瓣电台后来增加了分享功能，当用户听到不错的歌曲时，还能将其分享到豆瓣、新浪微博等社区。分享功能与豆瓣电台一样简单、不花哨。

豆瓣电台这款产品的核心价值就在于"和你喜欢的音乐不期而遇"，它就像是一个神奇的魔法师。用户收听豆瓣电台时总会有一种莫名的惊喜，因为他无法预测下一首歌曲是什么，也许是他喜欢的歌曲、喜欢的歌手，但也可能是他不喜欢的歌曲、不喜欢的歌手。这就是豆瓣电台的神奇之处。

豆瓣电台目前开发了 Android 和 iOS 两个版本的移动客户端，满足了用户对于移动收听的需求。

2. 游秀世界

三维互联网产品作为互联网产品的一种典型类型，通常伴有游戏化的设置，也是受青年追捧的产品。游秀世界（www. gamexiu. com)是中国研发的第一个网页环境内的 3D 社交平台，拥有当时世界领先的 3D 技术，能在网页环境下实现真正的人景动态 3D 效果。图 4-5 展示的是游秀世界的平台界面。但这款曾十分优秀的产品，在迭代过程中逐步消亡了。

图 4-5　游秀世界截图

与普通 2D 网络社交平台的最大不同是，游秀世界里的文字、图片互动被立体人物的动作互动取代，平面展示被三维展示取代。与国外虚拟社区中人只能与机器互动不同的是，游秀世界并不是孤立的个人社区产品，而是一个全网真人互动社交平台。游秀世界向用户开放平台，允许用户自行设计和搭建。无论是网状关系还是技术底层架构，都充分体现了游秀世界的平台延展性。

作为业内第一个网页 3D 社交平台，游秀世界为中国的虚拟世界 3D 社交领域矗立起重要的里程碑。由于在网页环境下应用了当时顶尖的 3D 技术，整个社交环境让玩家的操作妙趣横生。游秀世界还开放了场景、找朋友、找乐子、消息、商城、论坛、互动游戏等功能。

游秀世界产品负责人曾表示："在不断听取用户意见的过程中，我们不断增加抓眼球的功能、互动游戏和活动，让用户在维护关系、拓展人脉、分享展示的同时，体验神奇的 3D 社交感受。"游秀世界的 3D 和其他社交网络中的 3D 在概念上有一个技术性区分：游秀世界的 3D 是真正的 3D，即人物在现实中的动作被搬到了网络上，而不是在一个二维空间中放一个不能动的 3D 形象。这种在网页环境中实现的 3D 需要非常顶尖的技术做后盾。

游秀平台产生于国内 SNS 社交游戏的提速期。SNS 上的社交游戏普遍是用 Flash 和 Web Service 制作的 2D 游戏，其优势是开发流程短、技术成熟、美术制作成本较低，但也有几点问题：展现力不够、缺乏用户间即时互动的内容、容易被抄袭、盈利模式单一等。

游秀平台开发了许多游戏，其中一款 3D 游戏还在人人网上线。游秀世界在 PC 端的战略是与国内外各大社交网站进行合作。游秀世界的功能包括平台功能和基于游秀平台的游戏功能。游秀平台在不断完善游戏产品线的同时，还计划将游秀世界的平台移植到移动终端上，如手机和平板电脑。最终的愿景是第三方的开发人员可以利用游秀世界的平台开发内容丰富的 3D 游戏并发布到 PC、手机等各种终端上，实现共赢。开发者们力图铺开"同一个 Avatar，多个游戏"的理念，在所有游秀平台的应用间做交叉推广。

游秀世界是一个真正属于年轻人的 3D 网络交友平台。作为中国自主研发的世界第一个网页 3D 社交平台，游秀世界在虚拟世界网页 3D 社交领域扛起了一面大旗。但是这款非典型产品，在历经三年的努力打拼之后，还是消失在了公众视野里，人人网中嵌入的同类小游戏也被人遗忘在了角落里。

(三)以豆瓣和游秀世界为例分析成败原因

新的互联网产品不断发布的同时，大量老旧产品也在消亡，这是互联网产品应用现状的典型特征之一。我国人口众多，网民数量庞大，这是众所周知的现实情况。正是因为用户数量大、产品类型繁多，同质化产品的用户分流非常频繁。除了前文中提到的经典的互联网产品，其余的产品在争夺市场份额的时候，必须经历长期的市场实践考验。对很多小成本的测试类产品来说，要长期保持繁荣的发展态势，必须有强有力的产品功能和营销方案支撑。很多优秀的产品撑过了发展期，迎来了成熟期，走上了平稳的发展道路，例如前文分析的豆瓣，但更多的产品在发展期或者成熟期就遭遇了"掉粉"——用户黏度逐渐降低，导致提前进入衰退期而不得不退出市场竞争，正如前文分析的游秀世界。

豆瓣的成功之处在于它非常好地理解和运用了 UED 和 UCD 理论，坚持以用户体验为中心，坚持以用户为中心的交互设计理念。豆瓣在产品的创作和迭代过程中运用设计思维的六步骤——"理解、观察、定义、创作、原型、测试"，并结合新的人种志调查方法和焦点小组、头脑风暴等方法，准确定位问题的来源和解决方案，成为永远跟用户保持一致、紧密连接用户的优秀互联网产品。而游秀世界的发展来自技术团队的壮大，它以技术能力为产品的支撑点，虽然在很长一段时期内占据了市场的主流，并且横向拓展到了同级别的 SNS 社区平台上，但是仅靠技术是无法持续支持产品的迭代的。用户体验和市场决定着产品的出路，脱离用户和市场，必将削弱产品的生命力，导致其走向消亡。如果游秀世界在产品更新要素出现的时候能把握住机会，探寻用户的主要诉求、修正用户体验方式，也许能走得更久、更远。

第三节　运用设计思维解读互联网产品设计

互联网产品设计过程中最重要的步骤是产品规划。产品规划即根据市场调研信息来确定产品投放市场的时间和市场策略,确定将要开发的产品平台和产品系列。互联网产品规划基于大量可靠的信息来源,包括市场调研、研究、用户反馈以及和同类竞争对手的比较等。制定产品规划应充分考虑目标、能力、约束条件和竞争环境。

在互联网产品设计团队中,不同的工种以不同的形式来完成各自的职责。产品经理(PM)通常会将项目做成 PPT,来与市场投资方或者公司高层确认产品战略层面的问题;产品设计师(PD)通常使用 Word 文档,以便与上下游的合作伙伴交流;用户设计师(UE)设计交互页面,常以 Html5 页面形式呈现;美工(UI)主要负责做图,常用的是 Photoshop 等图像创作软件。而前期规划这项工作由"核心团队"来完成,这个团队里包含了负责技术、营销、开发和服务等方面的人。

从设计思维角度出发,互联网产品设计可分为三个阶段。

概念阶段——属于前期规划阶段,是互联网产品设计的第一个阶段。此阶段确立目标,将概念和思想转化为蓝图的形式,由产品经理以直观可见的表达形式对市场机遇、用户需求、项目评估、产品指标、功能规格、内容和功能做详细的分析和说明。

设计阶段——产品设计师分析互联网产品的系统设计部分，如信息架构、交互设计、界面设计、导航设计、信息设计、视觉设计等。

制作阶段——产品工程师使用专业工具，整合实质性资源，开发制作原型。

一、前期规划

我们要用设计的思维审视创作的全过程。在产品规划过程中运用设计思维，就必须首先做好互联网产品概念模型。概念模型在产品的概念阶段做出。

概念阶段是互联网产品设计的第一个阶段，即前期规划阶段。在产品项目真正付诸实施之前，为整合生产者资源、保证产品的成功，必须进行产品前期规划。

产品前期规划的任务是把概念转化为图纸，把思想变为可行的实践步骤。项目正式启动之后，图纸和产品目标可以指导所有项目成员进行实践和沟通。以互联网产品中常见的网站为例，概念阶段可以使用网站结构图、网页蓝图和网页描述图这三类图纸。通常，各种类型的图纸都被归为任务书，也就是产品设计文档（PRD）。

产品设计文档除了要面向制作此文档的核心团队,还要面向研发团队、测试团队以及其他合作伙伴。一份完整的产品设计文档至少要包含以下信息:

(1)对产品的描述,这一描述通常包括产品的用户需求、用户利益、市场机遇和产品前景预测等;

(2)对商业目标的定位,通常包括设计和开发周期、产品成本、产品质量和预期市场目标等;

(3)指导开发工作的条件和限制,通常包括产品指标和资源配置方式、产品开发的策划和执行方案。必须仔细地提出假设条件,因为它可能会限制产品概念的范围;

(4)相关利益者列表,通常要确保清楚地列出所有跟产品相关的人,包括内部团队、外部合作方、最终用户、最终受益者、销售力量、信息反馈跟踪服务组织和生产开发部门。这样可以保证能够满足每个合作者的需求。

在进行产品前期规划时,经常要进行各种分析和策划,此时使用好的分析方法可以使此项工作获得事半功倍的效果。不同的创作领域会使用不同的分析法,比较常用的有以下几种。

SWOT 分析法——SWOT 分析法是 20 世纪 80 年代提出的一种能够较客观、准确地分析现实情况的方法,在战略管理领域中被广泛运用。SWOT 分析法包括优势(Strengths)、劣势(Weaknesses)、机会(Opportunities)和威胁(Threats)。运用 SWOT 分析法能帮助企业把资源和优势集中于自己的强项和机会成本最低的方面,有利于企业对内部和外部条件进行概括,充分分析自身优劣势、能力、约束和竞争环境。进行初级的 SWOT 分析时,通常会用表 4-1 这样的基本表格。

表 4-1　SWOT 分析基本表格

	团队 1	团队 2
优势		
劣势		
机会		
挑战		

这种分析表格非常浅显易懂,在基本调研之后逐项进行填写和分析就可以了。SWOT 分析法有很多局限性,不过基础 SWOT 分析法所产生的问题可以由更高级的 POWER SWOT 分析法解决。

POWER 是个人经验(Personal experience)、规则(Order)、权重(Weighting)、侧重细节(Emphasize detail)、等级与优先(Rank and prioritize)的首字母缩写,POWER SWOT 分析法是高级的SWOT 分析法。POWER SWOT 分析法使用的表格比较复杂,表中需要列出所有的相关因素,如表 4-2 所示。

在表 4-2 中,团队 1 通常为自己的公司,然后可在其他表格中列出竞争对手的相关资料。此外,将两份或多份表格的基本权重设置成一致的,就可以把自己的团队和竞争者进行对比。

表 4-2   POWER SWOT 分析表格

团队 1				
项目		内容	权重	总权重
优势	内部因素	1		
		2		
		3		
		4		
		5		
		6		
劣势	内部因素	1		
		2		
		3		
		4		
		5		
		6		
机会	外部环境	1		
		2		
		3		
		4		
		5		
		6		
挑战	外部环境	1		
		2		
		3		
		4		
		5		
		6		

5W2H 分析法——5W2H 分析法在前面已简单提过。5W 代表的是:Why,为什么要这么做,这样做的原因是什么;What,怎么

做，目的是什么，如何衡量；Where，在什么地点完成；When，何时完成；Who，谁来负责，还有谁参加；H 代表的是 How 和 How much，即如何实施，使用什么方式，需要多少资源（见表 4-3）。

表 4-3　5W2H 分析法的内容

	现状如何	为什么	能否改善	如何改善
做法 （What）	生产什么	为什么要生产此类产品	是否有其他产品可以替代	应该生产什么样的产品
原因 （Why）	什么目的	为什么设定这种目的	有没有其他目的	应该是什么样的目的
地点 （Where）	在哪儿生产	为什么选择这样的场地	能否在其他场地	应该是什么样的场地
时间 （When）	何时生产	为什么选择这样的生产时间	能否在其他时间	应该在什么时间
人员 （Who）	谁来负责生产	为什么选择这些人来做	能否安排其他人	应该安排什么样的人
方式 （How）	用怎样的方式	为什么选择这样的方式	有没有其他方式	应该以什么样的方式
多少 （How much）	做到什么程度才够	为什么设定这样的数量	质量水平能否提升	应该根据质量决定数量

麦肯锡 MECE 分析法——MECE 是 Mutually Exclusive Collectively Exhaustive 的缩写，它是麦肯锡提出的一种整理思路的方法，字面意思是"相互独立，完全穷尽"。对于一个问题，若能做到分类清晰并且穷尽，分析者就可以有效把握问题的核心并解决问题。更常见的做法就是运用类似思维导图的形式，将所有思路列举出来，要注意的是列出来的每一条思路之间应该有清晰的界限。

只有首先保证这一条,才能做到"穷尽"。然后可按照每一条思路来细分各项组成内容,也就是继续完善思维导图,直到所有的内容和信息都囊括其中。在整个分解过程中,需要注意两点:第一要保证内容的完整性,这样才能覆盖所有的信息;第二要强调每项工作之间的独立性,互相之间不能有交叉和重叠,否则会使思考者的思路混乱,从而导致执行者的困惑。

事实上,每一个核心问题的解决都需要综合运用各种分析方法。进行互联网产品前期规划时要厘清概念,然后将概念转化为图纸,其中的任何一个环节差之毫厘,生产出来的产品就会谬以千里,会造成大量不必要的人力、物力的损失。所以,严谨地做好前期规划,是保障互联网产品设计成功的前提。

在概念阶段之后,是设计和制作阶段。设计和制作阶段是非常严谨和细致的概念产品的产出阶段。概念阶段成功了,互联网产品就成功了一半,设计和制作阶段的重要性比概念阶段略逊一筹。

二、市场机遇和用户需求

互联网产品设计开始于对产品市场机遇的掌握。这一步需要将各种资源汇聚到一起。互联网产品的创意可能来源于市场营销人员、技术开发团队、产品部门、已有产品的客户和第三方合作伙伴等。

市场机遇可以被动地遇到,但是具有创新意识的生产者会尝试着创造机遇。这就需要主动确认市场情况、掌握客户的需求，如：记录和整理已有产品的用户反馈信息；向同行业的领先企业学习创新做法，明确需要改动的功能；统计和整理现有产品的技术类别，预测市场动态；追踪新技术的状态以促进技术开发转化为产品开发。在行动之前要明确需要和需求的区别。打个比方，某人因单位安排出差，在外地停留三天，晚上要住宿，这是需要（needs）；既然出差，想住得条件好些，如住五星级酒店，这是欲求（wants）；但是单位规定只能报销三星级酒店的标准，所以最后只能住进三星级酒店，这是需求（demands）。

对市场需求的调研不是盲目的。调研目标的确立不是通过简单估计，而是基于对调研项目的充分理解。扎克伯格就是在充分了解同学们在做什么、希望了解什么等情况之后，才有了 Facebook 的创意并使其迅速蹿红。在我们认为 Facebook 已经将社交做到极致的时候，Snapchat 横空出世，并引得扎克伯格狂掷 30 亿美元意图收购。市场的不断变化要求开发者必须通过调研对新产品的要素有充分的认识。任何一个事物的产生都并非偶然，它一定是特定因素作用下的必然产物，比如团队氛围、个人经历、社会影响，等等。这些因素，才是一个互联网产品设计成功的基本要素。

根据马斯洛的需要层次论，人的低层次的需求得到满足后，高层次的需求才会产生驱动和激励作用。设定调研目标时，要逐层升高，首先满足用户的低层次需求，再满足其对更高层次的构想。通常这样的逻辑思路是最可行的。有效的调研至少包括五个内容：调研目标、调研计划、信息收集、整理分析和将调研结果反馈到产品设计文档中。

　　互联网产品设计是一个从战略制定到开发再到投入市场的工作。在确认了市场需求、从大环境中筛选了适合自身发展的机遇后，设定调研目标时要在 SWOT 分析表的"机会"一栏中梳理、提炼出适合企业产品的描述。在分析和设定调研目标的过程中，必须明确很多细节性的问题，诸如为什么要进行此次调研、调研中真正需要了解的是什么、调研的目的和方法是什么，等等。这些问题都是客观存在的，其中最重要的就是调研工作的目标。

　　合理的调研计划是调研成果的必要条件。调研计划是调研行动的说明书。制订合理的调研计划时需要重点关注以下几点：调研对象，比如文字资料、定向用户等；调研方法，比如观察法、采访法、调查法等；统计方法，比如数据建模、抽样分析、数据挖掘等。

　　明确了研究方向后，焦点小组是性价比最高的、最快捷的信息收集方法之一。焦点小组（Focus Group），也称焦点团体、焦点群众，是依据群体动力学原理，就某一产品、服务、概念、广告和设计，通过询问和面谈的方式采访一个群体以获取其观点和评价的方式，通常是请6—10个人对某一主题或观念进行深入讨论。在讨论之前，通常需要列出一张清单，写下要讨论的问题及各类数据收集目标；讨论时，需要1名相对专业的主持人来组织和提醒用户发表观点，保证小组讨论不偏离主题而且能使每位参与者都积极主动地发表自己的观点。① 使用焦点小组这一方式的关键在于调动参

---

① 钟明. 交互设计中基于用户目标的任务分析方法及流程研究[D]. 长沙：湖南大学，2009.

与人员的积极性,使参与人员知无不言、言无不尽,充分发挥各自的聪明才智,要最大限度地避免部分用户主导讨论、部分用户消极参与讨论的情况。

焦点小组和调查问卷等调研方式是常用的主动收集信息的手段,此外还有一些获得信息的方法和手段,例如:利用网站分析系统获得网站情报;通过 Google Reader 等信息聚合器来订阅一些关键字;加入核心用户和业内人士的 QQ 群、论坛等圈子;等等。

只有将调研成果应用到产品设计文档中,才能真正将概念转化为图纸,才能真正完成产品前期规划的任务。

互联网产品的核心竞争力来自对用户和市场需求的把握和体现。[①] 追踪行业发展趋势和市场需求的过程,同样也是确认用户需求的过程,上文提到的方式和方法也适用于确认用户需求阶段的工作。

用户需求常常是产品设计概念的源头。我们时常会从用户对产品的抱怨和期冀中获取灵感。同一概念催生多种产品是不奇怪的,相反,如果同一概念下只有一种产品则是违背市场发展规律的。原创产品通常有多种来源,比如:对现有的产品进行研究,通过市场需求的调研来发掘它的缺陷和不足,然后对其进行改良再生产;将线下真实存在的概念搬到线上也是一个不错的原创途径;从自己的需求出发,寻找解决方案,这会使产品设计成为实现个人理想的过程。

---

① 罗旭祥.精益求精——卓越的互联网产品设计与管理[M].北京:机械工业出版社,2010.

确认用户需求是判定概念的过程。很多时候,用户只是基于传统的互联网产品形式了解自己的需求。这就给产品开发者们提供了机会,同时要求他们将用户认为有用的、好用的和希望用到的功能赋予产品。

确认用户需求是一个过程,主要步骤有以下五个:

(1)从用户处收集原始数据;

(2)把原始数据翻译成用户需求;

(3)把需求分为不同的等级;

(4)明确需求的相对重要性;

(5)对结果和过程进行反思。

首先是从用户处收集原始数据,这就需要做好一项系统工作——沟通。沟通看似简单,其实蕴藏着很多学问,沟通中并没有万能的方法。在进行沟通之前,需要确定好沟通目标、沟通对象、沟通渠道和双方信息等。

沟通目标是你希望调研解决的问题,这个问题通常不是一次沟通能解决的,要预留出一定的弹性空间。比如你希望做的产品中有 10 项人机互动功能,而用户告诉你,其实只有 3 项是他们希望用到的,那么在设定产品功能时,就要考虑其他 7 项是否有存在的必要。其实,并不是一切都听用户的,而是要在用户需求和产品规划中找到最佳平衡点。从用户群中选取适合此项产品调研的用户,是与日常积累的人脉和对用户个性的了解密切相关的。常用的沟通方式有面对面访谈、打电话和发电子邮件等。其中,最有效的沟通方式是面对面访谈。需要注意的是,对用户进行提问时,要激发用户的积极性,顺利推进话题的展开,同时要善于总结对方讲话的重点,要仔细观察;也可使用肢体语言,记笔记、拍照片或者录像有助于记录。

不可以把从用户处获得的原始数据直接搬到产品设计文档里面,需要将从用户处收集到的原始数据翻译成用户需求。例如,用户告诉你,他希望在网络社区产品中看到他所认识的人的信息,这句话在产品设计文档里应该直接写为"关注好友功能"。需要注意的是,用户经常用一些描述性的语言或者预想的实践途径来表达他们的想法,而产品设计文档需要描述的是特定的技术解决方案。在产品设计文档中描述用户需求时,应遵循以下几个原则:

(1)产品表达应该是"做什么"而不是"如何做";

(2)表达需求时,要依据原始数据;

(3)尽量使用肯定句而非否定句;

(4)将用户需求作为产品的属性来列举。

下一步是将需求分为不同的等级,将一系列一级需求细化为具体的二级需求,以备后续开发产品时可以随时进行总结。细化过程没有固定的模式,应根据后续产品开发的需要细分要求。在明确需求的相对重要性的环节,要重点标注权重。前面的调研过程分析法中提到了权重,这是调研项目中不可或缺的内容,是分析法有效运用的重要信息之一。最后一步是对结果和过程进行总结和反思。虽然确认用户需求的过程是结构化的,但其不是严格意义上的科学。产品设计团队需要对结果进行"头脑风暴"来了解其可靠性,常用的问题包括:沟通的用户是否是目标市场上的重要用

户？哪些用户将成为后续开发活动的可能参与者？是否需要团队
成员参与深入确认用户需求的工作？在将来的设计中，应该如何
改进过程？

分析用户研究数据时常用到一个管理学上的工具——PDCA
循环。PDCA循环可以帮助人们对用户需求和产品实现方式进行
分析和改进。PDCA的意思是从开始制订研究计划（Plan），到组织
执行（Do），再到工作的检查（Check），最后根据工作情况提出改进
意见继而付诸行动（Act）。PDCA循环是管理学中的一个通用模
型，广泛运用于持续改善产品质量的过程。产品设计的确定和组
织实现的过程，就是按照PDCA循环开展的。PDCA循环如图4-6
所示。PDCA循环还可以应用到整个产品设计过程中。它的"细分
颗粒"可以更细。比如，在确定产品概念的过程中，可以对概念进
行检查；在产品开发的检查环节中，可以对产品功能和元素的可用
性进行测试。

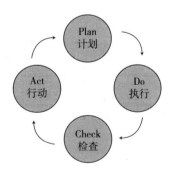

图 4-6　PDCA 循环

三、用户需求的案例分析

近几年互联网行业的快速发展,带动了手机硬件、操作系统、软件产品的快速迭代更新。很多优秀的技术公司和个人开发者,抓住机遇,开发出了很多符合用户需求的好产品,掌阅公司就是其中的一个代表。其推出的 iReader 手机阅读软件在短短一年时间里就吸引了几百万的用户,同时用户数量保持着快速稳定的增长。为何该产品在短短的时间内能够从同行业中脱颖而出? 最根本的原因在于掌阅公司对手机用户需求的深度挖掘。

美国苹果公司在怪才 CEO 乔布斯的带领下成功推出了 iPhone 手机,当时其非凡的交互设计以及 3.5 英寸屏幕的配置,立刻引起了众多手机品牌的效仿,从此手机产品进入了大屏幕时代。大屏幕手机的普及使用户对手机的游戏、阅读等娱乐休闲功能产生了需求。

掌阅公司的一名员工在乘坐地铁上下班时,发现许多乘客通过掌上游戏机、MP4 等设备津津有味地阅读着小说。就是这样一个不经意的发现,成就了一个在行业内领先的企业。他设想:如果人们随身携带的手机上有一款能够提供阅读以及在线下载功能的软件,不就满足了用户实实在在的需求吗? 很快他将想法告诉了公司的领导,并得到了认可。

如何开发优质产品,是摆在掌阅公司产品研发人员面前的一大难题。经过多次头脑风暴后,市场调研分析、用户需求收集、确定开发平台、设计开发、测试修正、产品推广等相关产品设计流程最终确定。

　　首先是市场调研分析，在没有可借鉴的成功案例的情况下，产品研发人员先调研了日本手机阅读行业的整体发展情况。调研报告显示，日本电信增值业务多半来自用户对小说内容的付费，并且每年畅销图书的前十名中必定有网络原创文学。反观国内，虽然原创文学网站已经基本发展成熟，但好的手机阅读产品却十分稀缺。图 4-7 是 iReader 的书架界面。

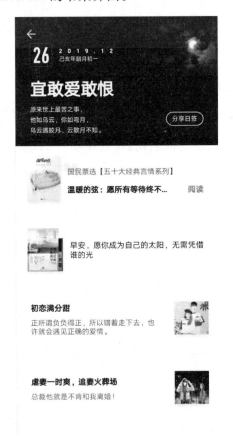

图 4-7　　iReader 的书架界面

国内的手机阅读市场究竟如何呢？首先掌阅公司对传统图书出版市场进行了数据分析。当时国内传统图书出版市场发展速度减缓，但这并不意味着人们的图书阅读需求减少，只是人们的阅读方式发生了改变。其中在线阅读是电子阅读市场中发展较快的一个市场分支。随着人们生活节奏的加快，生活的移动性越来越强，生活被分割出越来越多的碎片化时间，人们需要更快捷的阅读方式。

掌阅公司同时对定量用户进行了手机阅读的调研，得出了不同年龄用户的不同手机阅读需求所占的比例。图 4-8 是对不同年龄用户手机阅读需求的统计。

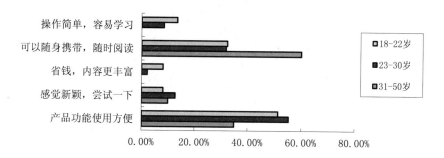

图 4-8　不同年龄用户的不同手机阅读需求所占比例

对主要的手机阅读需求进行归纳后，可总结出明确的产品需求导向：

（1）操作简便；

（2）内容时效性强；

（3）图书内容丰富；

（4）产品有良好的阅读体验；

（5）具有价格优势。

　　在确定了市场需求后，下一步便是对目标用户的需求进行收集。首先要对用户群进行划分。抽样调研报告显示，年轻白领、院校学生、普通务工人员是手机阅读的主要用户群体，这一群体在日常生活、工作中有较多的碎片时间，上下班路上、午间、晚上就寝前为他们的主要使用时间。在对这部分用户进行调研后，调研人员发现他们对软件运行速度、文件支持格式、翻页特效、夜间舒适模式、自动记录书签等功能有较大需求，并据此确定了功能开发的优先级。图 4-9 是 iReader 网络书城的首页。

图 4-9　iReader 网络书城的首页

　　软件功能确定后，要选择手机平台进行开发。当时恰逢谷歌发展 Android 手机系统平台阶段，Android 手机平台比 iPhone 手机平台更开放，更适合开发者进行产品开发，并且大批手机厂商加入了 Android 手机系统平台的阵营，因此掌阅公司"iReader"的首发平台也快速确定为 Android 平台。

　　在接下来的产品设计开发阶段，掌阅公司采用了"以用户为中心"的设计理念、敏捷迭代项目开发方式，在产品开发阶段就不断导入用户测试体验，修正产品问题，避免了产品开发完成后再测试的风险。

　　经过几个月的紧张开发、测试后，iReader 被打造成了一款能满足用户需求的卓越产品，它的特色功能体现在以下几点：

　　(1)全格式支持：支持 TXT、UMD、EPUB、EBK、JPG、BMP、PNG 近 20 种文本、图片格式；

　　(2)响应速度快：软件功能、文件解析、触控交互的速度在同类型软件中是最快的；

　　(3)逼真翻页效果：该软件最大的特色就是阅读时犹如实体书般的翻页效果。图 4-10 是 iReader 的翻页效果；

　　(4)丰富的图书资源：软件以合作方式汇集了几十万册图书，供用户下载。

　　在推广方面，掌阅公司首先选择了手机应用市场这样的推广平台，产品上线后立刻有一大批用户下载安装，用户反馈一片好评，这对掌阅公司而言并不意外。因为在开发这一产品之前，掌阅公司就已经对用户的需求有了充分了解和把握。与此同时，用户十分关注产品,每一次产品更新后,用户都能在第一时间提出对产品的建议,期待下一次的改进。iReader 就在这一过程中不断优化,成为符合用户需求的好产品。图 4-11 是 iReader 网络书城的排行榜。

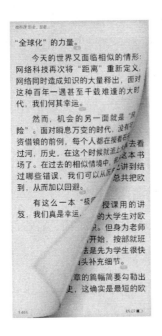

图 4-10　iReader 的翻页效果　　图 4-11　iReader 网络书城的排行榜

　　iReader 在产品上的出色表现,也引起了各手机品牌的关注。通过产品合作,iReader 被配置在了一些品牌的手机和平板电脑上,此举增加了用户了解、使用 iReader 的机会。ZDC2018 年的调查数据显示,第三方手机阅读软件以 iReader、QQ 掌阅、咪咕为主,使用比例均在 10% 以上,iReader 以超出 20% 的使用率居于榜首。

第四节 设计思维带来的启发

一、设计思维推进设计领域的科学化进程

在传统设计领域,从来没有一个程式化的步骤可用于艺术化创作并得到预想的结果。设计思维并不会让设计师特别擅长做设计,或者擅长做与设计相关的工作,但是,设计思维让设计有了一种有迹可循的章法。可以说,设计思维引发了设计领域的科学化进程。

设计思维对视觉化沟通(Visual Talking)的运用就是很好的例子。视觉化沟通,是指用视觉化的形式来阐释一个话题,如使用简单的符号或者图形,不必在意画得是否好看,只要自己认为其完全表达了自己对话题的理解就可以。图 4-12 是中国传媒大学动画与数字艺术学院的设计思维课程中的一位同学的演绎。

笔者在对"朝阳大悦城内位置导航"这一互联网应用项目进行测试时,在 AI 架构设计环节,使用了思维导图。白色方框显示的是需要用户手动选择才可以进入到下一环节的操作。其余部分则利用视觉化的图标、符号来表示该项目中具有层级逻辑关系的信息。

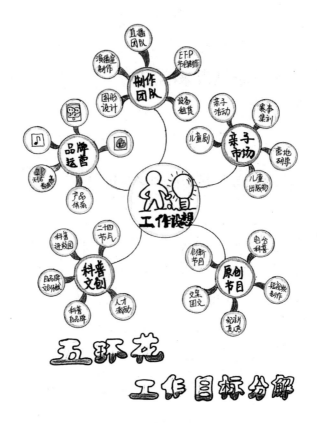

图 4-12　视觉化沟通示意图

思维导图（Mind manager），也被称为心智图（Mind Map），其雏形是英国的"大脑先生"托尼·博赞（Tony Buzan）在 20 世纪 70 年代后期提出的"心智图"。思维导图能激发灵感，是视觉对话的一种主要表现形式，也是当代艺术设计人员从技术领域获得的一个重要启发。艺术表达的层次越丰富、条理越清晰，技术越能与之碰撞，这也是设计与技术领域必须直面的一种互动。无论是用技术手段来呈现，还是通过充满艺术性的手绘来呈现，都是思维通过艺术和技术的结合来科学地激发创新创作的强有力的表现。

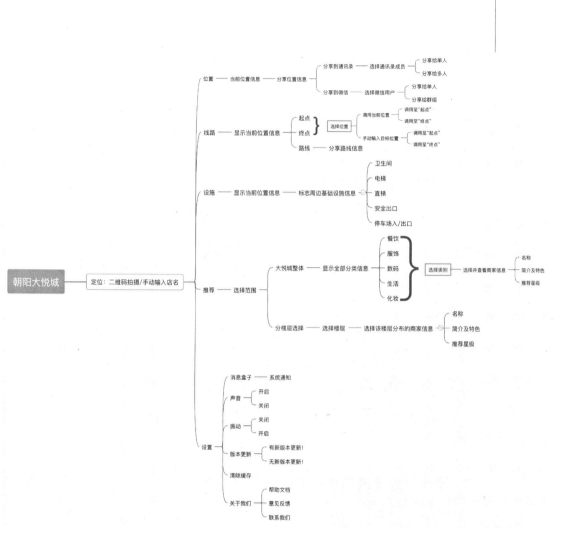

图 4-13 Mind manager 制作的思维导图

斯坦福大学设计学院的罗尔夫·法斯特最初将设计思维划分为五个步骤：观察理解、分析总结、头脑风暴、原型设计、测试，后来它被发展为六个步骤：理解、观察、定义、创作、原型、测试，其实是将之前的观察理解变为了两步。在观察理解环节，设计师通过观察、深入访谈、切身体验等方式对设计对象进行全面了解；然后通过分析总结，确定关键问题和设计机会点；之后通过头脑风暴环节，发散思维，大胆提出各种解决方案；在原型设计环节，将筛选出的想法可视化，以模型测试想法的可行性；最后，在测试环节将所有元素整合，进行仿真模拟。还有一些设计思维研究者和使用者将其分为七个步骤或三个步骤。无论步骤多寡，对设计思维的程式化推进都没有根本影响。

设计思维以移情能力、想象力和实验、融合构造、思想整合、反复学习认知过程为基础，将艺术创作推进到能以科学的、程式化的方式来模拟、推测和演绎的阶段。它极大地推进了设计领域的科学化进程。

二、设计思维推进信息交流的符号化演进

设计思维深入挖掘用户使用环境、习惯和未来诉求，重视观察和理解环节，提倡以用户体验为中心，无形中推进了社会信息交流的符号化演进。

在大设计的概念出现之前，我们沉浸在"技术为王"的信息化社会中，人才、技术产品的更新非常迅速。但是，更新的根本动因，

要么是微软模式,也就是技术制胜,由技术的革新和不断升级带动新的互联网产品的出现;要么是 IBM 模式,也就是服务制胜,用服务的升级带动消费产品的增长。在当前的信息化社会,已经逐步演变出"体验为王"的模式。

苹果手机是"体验为王"的典范,其开创者乔布斯曾经说过:"设计不仅体现在产品的外观和感觉上,还要看产品是如何使用的。在我们生活的这个时代,我们的活动越来越多地依赖技术:我们拍照时不需要胶卷,并且必须通过电子设备才能看到效果;我们从互联网上下载音乐,并且使用便携式数字音乐播放器随身播放;在你的汽车中、厨房里都是这样……苹果公司的核心强项就是把高科技转换成人们身边很普通的东西,让人感到惊喜和兴奋,并且他们还能够方便地使用。"①

图 4-14　苹果手机的快捷设置界面

---

① 张意源.乔布斯谈创新[M].深圳:海天出版社,2011.

苹果公司崇尚"体验为王",也带来了简洁、便利的体验设计。用户在接受这种用户至上的体验设计的同时,不知不觉地接受了简明的标识,使用了符号化的信息交流方式。

大量感知式的符号化信息被人们接受和熟悉。在用户已经惯用的 iOS 系统的手机 App 界面中, ✏ 表示编写和任务, 📅 表示日历, 🔄 表示更新和同步, ⚙ 表示设置,还有文字提示。虽然有些图标后来经过了变形,但是已经熟悉这种图例意义的用户在用到类似的界面时并不会感到不适应。

提到社会信息交流的符号化演进,就不得不提"视觉会议"。这是思维导图在设计思维中的进化,同时也是在信息交流的符号化基础上产生的被广泛使用的方式。视觉会议是用直观的视觉呈现方式帮助与会者、团队或小组释放创造力,进行协作创新与突破思考的方法,常会利用图片、思维导图、互动装置或者其他方式来呈现想法。

视觉会议在国内已经逐渐普及。图像引导师这个职业即将迎来井喷式发展。体验过视

图 4-15　苹果手机的相薄界面

觉会议的人和团体很难继续使用传统会议模式，就像接听电话时人们已经很难接受非滑动式接听了。

　　2012 年美国政府某项目招募人才时，要求应聘者用视觉会议的形式展示他们的个人想法。以下是其展出的部分应聘者呈递的内容（见图 4-16）。

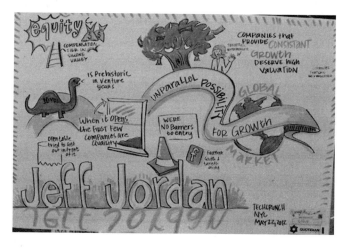

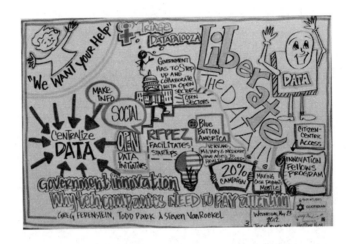

图 4-16　视觉会议

当人们采用视觉会议方法工作时，往往会提出更好的构想、做出更英明的决策，也会明确地指向工作的结果。这是一种近似焦点小组的团队化的思维工具，可以提升团队或者小组的创造力、协作力和思考的发散性。

全球图像引导与视觉思维领域的领导者大卫·西贝特（David Sibbet）在他 2012 年的作品《视觉会议——应用视觉思维工具提高团队生产力》中详细介绍了视觉方法对创新思维的推动作用，并且把他在苹果、惠普等硅谷传奇公司时所做的设计思维内容展示给读者。毫无疑问的是，这种图形化、符号化的视觉思维方式，已经被各行业顶尖的企业和团队运用多年，并且催生了卓有成效的创造力成果。相信在不久的将来，视觉化符号的演进将会开启新的创新进程。

第五章 产品设计对设计思维的延展和提升

第一节 概念模型是延展设计的重要元素

一、互联网产品设计中的概念模型

在人机互动领域中,概念模型指的是关于某种系统的一系列构想、概念上的描述,能让使用者了解此系统的默认使用方式。概念模型是对真实世界中问题域内的事物的描述,不是对软件设计的描述。概念的描述包括记号、内涵、外延,其中记号和内涵(视图)是最具实际意义的部分。[①]

---

① 搜狗百科"概念模型"词条[EB/OL].[2019-01-02]. http://baike. soso. com/v319662. htm? ch=ch. bk. innerlink.

实体(Entity)由属性(Attribute)和标识(Identifiers)组成。实体是抽象的对象。关系(Relationship)用于表现实体与另一个实体的关系或者实体的元素之间的关系。继承(Inheritance)就是母实体与子实体之间具备的相同实体属性。

前文已经提到过互联网产品设计中用户调研和用户需求的重要性。概念模型的形成也依赖于用户调研和了解用户需求的过程,它能反映用户对产品的逻辑认知。这样的认知过程势必与用户心理学有着密切的关系。但是遗憾的是,很多互联网产品设计师并没有认识到这一点;即使认识到了,在现实的设计过程中,真正运用概念模型并充分发挥其作用的人也是少之又少。因此,概念模型在设计思维中的应用并不广泛。

唐纳德·A.诺曼在他的《设计心理学》(*The Design of Every-day Things*)中,较早地对互联网产品设计中的概念模型进行了全面的介绍,如图 5-1 所示。

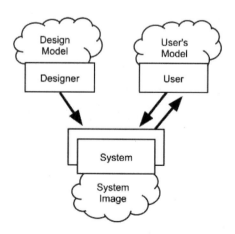

图 5-1　《设计心理学》中的概念模型图

他认为与产品相关的概念模型有两种:设计模型是指设计师所使用的概念模型,用户模型是指在用户与系统交互的过程中形成的概念模型。系统表象以系统的物理结构(包括用户使用手册和各种标志)为基础。设计师希望用户模型与设计模型完全一样,但问题是,设计师无法与用户直接交流,必须通过系统表象这一渠道。[①] 如果系统表象不能清晰、准确地反映设计模型,那么用户就会在使用过程中建立错误的概念模型。

理论上,概念模型可分为三种:设计模型(design model)、用户模型(user's model)和系统表象(system model)。设计模型是指设计师头脑中的产品概念模型。用户模型是指用户根据自己所认为的该产品的逻辑思路建立的概念模型。用户模型和设计模型完全吻合是最理想的状态。实际上,用户和设计人员之间的交流基本上只能依靠系统。用户必须依据产品的外形、操作、反应以及使用手册来建立概念模型,而用户建立的概念模型和设计师建立的概念模型通常会有很大的区别,所以系统表象就显得格外重要。设计师必须保证产品的各方面都和正确的概念模型保持高度一致。严格来说,系统表象才是真正的概念模型,设计模型和用户模型最终应该与系统表象重合,这样的产品才能获得最终成功。

这三个方面对产品都非常重要。用户模型决定了用户理解产品的方式。设计模型决定了产品的操作方法是否简便。设计师应该保证产品能够反映出正确的系统表象。只有三者重合,才能使

---

① 诺曼.设计心理学[M].北京:中信出版社,2002.

恰当的模型被正确地使用。也就是说,无论设计师用何种设计模型来进行概念模型的创作,用户都是通过自身的用户模型来获取关于产品的内容的,所以严格贯彻系统表象才能保证用户模型和设计模型完全符合最初的设计。

鼠标最早是由施乐公司的 Palo Alto 研究中心研制出来的,在施乐之星(Xerox Star)的计算机系统上进行了首次尝试。但是当不同的文件显示在同一个屏幕中时,鼠标反应速度太慢,使得显示速度跟不上打字速度,同时由于施乐之星的成本太高等多种原因,使用鼠标的施乐之星并未获得广泛的推广,也并未取得商业上的成功。鼠标能出现在互联网应用普及的今天,是因为苹果公司聘请到了施乐公司的设计人才并继承了施乐公司的设计理念。施乐公司的先驱们的设计理念是非常好的,但却没有得到有效的实施,苹果公司对其进行了优化和改进。苹果公司于 1984 年推出了第一款 Mac 计算机,而后的 30 年里(至 2014 年),Mac 计算机更新换代了至少 23 次(被记录到 Mac 史上的有 23 代产品)。

有关施乐公司设计方法的记录非常翔实。根据这些文献,我们可以得知其设计的主要目标是保证操作方法与用户预期的一致,以及用户操作过程的可视性。他们在研发计算机系统的每一个阶段都会聘请用户进行测试。这是获得优秀设计的必要手段,同时也是概念模型建立的必经阶段。

用户对操作方法的预期就是简单,能够按键一次完成的操作,就不要按键两次。而且,操作过程的可视性保证了用户的操作可以得到实时反馈,使用户的操作变得直观而简单。苹果公司的

Mac 计算机应用了视觉显示技术,用户看到的不再是一个空白的屏幕,而是可供选择的操作选项。该计算机的操作相对统一,因为操作过程已经被标准化,适用于某个软件的操作方法也适用于很多其他的软件并且反馈及时准确;许多操作只需要移动鼠标就能完成。屏幕上有菜单,动动鼠标就可以进行需要的操作,非常方便。Mac 系统的概念模型很好地匹配了用户和设计师的想法,保证了良好的用户体验。

Mac 计算机也有很多不足之处。比如,在完成一些特定的操作任务时,必须使用特定的按键组合,而这些按键组合是用户查阅资料后才能了解的;执行某些操作任务时必须配合使用鼠标按键和键盘上的某些键。这跟基本的设计原则是不对应的,这样的操作对用户来说也是不便利的。在后期的发展中,鼠标按键的多少也曾引来众多的争论。如果增加鼠标按键数目,虽然可以简化某些特定的操作任务,但是会使操作的组合键变得复杂,即使只多一两个按键,也会导致功能键和按键之间的匹配关系不一致;如果鼠标上面只有一个按键,虽然降低了匹配的复杂度,但是鼠标的功能会大打折扣。

总之,苹果公司的 Mac 计算机在信息化时代设立了里程碑式的发展标杆。施乐公司放弃了鼠标和可视化界面的发展,而苹果公司却很好地发展了这些理念。其根本区别在于,苹果公司的 Mac 计算机针对可视化的信息反馈、用户需求的设计反馈、用户界面指南和内在的工具组合,很好地运用了概念模型,这为未来的计算机程序设计师提供了设计标准。"我们应该给苹果公司的 Mac

计算机颁发一个奖项。"唐纳德·A.诺曼在《设计心理学》里面如是说。2014 年 1 月 25 日，"苹果"在官网首页用了整版图片庆祝 Mac 诞生 30 周年。"苹果"用大量的资料回顾了 Mac 的 30 年发展过程，具体到每一款产品和每一个具有代表意义的功能的制作人。

二、敏捷方法

以用户为中心的设计，会高度重视用户调研和用户需求，将用户模型作为设计模型产出的根本依据，使设计模型向用户模型偏移。而在实际的设计工作当中，用户的知识结构不全面，他们不能很准确地描述真正的需求；设计人员也不一定能完整理解用户所描述的需求，这就导致设计人员很难获取用户的真正需求。所以在互联网产品设计过程中，敏捷方法对建立适合的概念模型、控制产品质量和成本、保证产品的市场活力来说尤为重要。

敏捷方法是 1991 年美国工业领域提出并使用的。随着社会的不断发展进步，用户对产品服务质量的要求越来越高，对产品设计师，尤其是互联网产品设计师的要求也越来越高，设计师面临前所未有的挑战。对于互联网产品设计师而言，产品能够最快掌握用户的需求，对用户需求做出最迅速的反应，才能在激烈和残酷的市场中立于不败之地。敏捷开发由于个性化和响应迅速而被有效地运用到互联网产品设计中，使产品在不断变化的互联网产品设计环境中，能随时基于用户体验的变化而更新。

敏捷方法后来被 IT 行业广泛采用。它是一种面向实践的方

法论,整个软件开发过程都包含它的核心原则和价值观。它之后
又被引入了设计领域。

(一)敏捷方法的原则

崇尚简单。对所有开发人员来说,解决问题的方法都是越简
单越好。能不添加的,就不添加,保持"Less is more"(少既是多)。
这跟设计的基本原则——"大美至简"是一致的。

拥抱变化。产品需求是在不断变化的,对于需求的理解也在
不断变化。由于随时都会出现意想不到的变化,因此创作者和开
发人员要保持可以改变观点和主意的状态,适应这种动态需求。

保持可持续性。在产品未完成阶段,创作者和开发人员要预
见未来可能会发生的情况;提供给用户进行体验的阶段性产品要
有足够的延展性和可塑性,以保证下一步的修正和发展能有效地
实施。

重视增量。这是敏捷方法与建模不同的一点。敏捷方法要
求,在设计阶段和创作的开始阶段,只要体现重要的部分就可以
了,不需要将细节一一展示在模型中,更不用急于一步将所有的模
型都做得尽善尽美。要设定阶段性的目标,一步一步地实现它。
增量的思想就是从框架、小模型入手,逐步改进为后续的模型。

明确目的。有的放矢是敏捷方法的重要原则之一,同时也是
创作者们尤其需要注意的一项原则。创作者和设计师的思维与开
发人员严谨的思维不同,经常处于发散状态,这就很容易使创作偏
离主题。所以创作者和设计师要时刻明确目的,不可盲目而为。

多种模型并行。不同的模型对应不同的产品功能。产品的不同部分不像思维导图的树状结构那样是单向联系的，它们在更多时候像网状结构那样互相牵制、互相影响。不同模型对应的不同产品功能之间有着千丝万缕的联系，要根据产品的实际状况选择模型，不必完成所有模型的设计和开发。

完善反馈机制。设计人员及其小组必须参与到模型开发和反馈环节；当建模技术被小组共享时，创作者的想法可能被否定或者修改。创作者、设计人员和开发人员所构成的小组必须建立合理有效的主动沟通和主动了解途径，做出符合小组团队期望的优秀产品，这样才能获得更多的用户反馈信息。

（二）敏捷方法的基本价值观

敏捷方法的基本价值观分为两部分：前半部分为概述（不展开论述但具有优先权），后半部分则为详细描述。尽管后半部分很重要，但是其在实施过程中的优先级不如前半部分高。

"个体和交互"优于"过程和工具"——敏捷方法可以被看作最常用的轻量型开发方法，它从方法论上进行指导，允许使用者自主调整过程。在互联网产品设计中，它注重以人为中心，通过调整过程来使创作团队和用户的需求产生变化，注重过程但并不依赖过程。敏捷方法是方法论而非具体过程。

"可以运行的软件（交互）"优于"面面俱到的文档（介绍）"——敏捷方法重视产品的需求和创作过程中的变量，以人为变化的根本，强调人和人之间的交流和沟通，不完全依赖既定的文档。团队合作有助于提升信息传播效率,而代码开发是工程师之间最有效的信息传播和交互方式。沟通和合作能力远比单纯的开发能力重要。

"用户合作"优于"用户谈判"——在产品创作过程中,人是最重要的组成部分,要以人为本、以用户为中心。创作者、开发人员和用户,是产品的三个组成部分,缺一不可。非形式化的沟通在产品创作中的作用也是举足轻重的。创作者和用户的各种形式的交互,是产品成功的保证。

"相应变化"优于"遵循计划"——创作和开发过程是不断变化的。一个产品刚完成时的使用过程和完成一年后的使用过程肯定是不同的。所以在创作完成后要对产品进行不断的创新和迭代改进,了解用户存在什么样的疑问和问题,以便进行修正和改进,配合整个产品的发展进程。

早期的开发模型非常看重软件生命周期的规范化和标准化。前面提到的几种开发模型在大型软件开发项目中多有使用,但是对于开发周期短、需求多变的小型互联网产品项目来说就不见得适用了。事实上,许多知名互联网产品的最早版本的开发周期都非常短,多则几个月少则几天就上线与用户见面了。在这种快节奏的开发大环境下,传统软件开发模型就显得心有余而力不足了。总体来说,在小型项目时间有限、人力也有限的情况下,开发的重点在于迅速地做出成果,尽早地完成基础功能。至于进阶功能或新增需求,可以在产品发布后继续开发或满足。这一类型的产品开发,往往在采用敏捷方法的同时辅助以更加灵活的迭代与增量模型。

　　所谓"增量"，是用来形容软件的渐进式开发的。增量模型可根据软件的功能，细化出一系列的增量元件。每个元件都是为了实现系统特定功能的代码片段。根据需求分析的结果，这些元件是可以区分出重要程度和依赖关系的。在增量模型中，每个开发单元的阶段目标是交付某个元件的可运行产品而非交付整个软件产品。就像是使用砖块搭建房屋一样，增量模块就像一块块砖，通过渐进式的积累最终完成整个产品。同样的道理，建筑的地基是最先建的，在增量模型中，基础的功能模块就好比建筑的地基，拥有较高的优先级，应当优先开发。同时，增量模型可以让用户看到阶段性的成果，也可以随时应对需求的变化，具有较低的风险性和较高的灵活性。然而，如果增量模块设计不善的话，很有可能使整个开发过程被不断变化的需求左右，甚至彻底打乱开发模型。另外，增量模型对软件的架构设计提出了很高的要求，软件的技术架构的扩展性要很强，这样才能确保增量模块不会过多地影响已经完成的内容。否则，增量模块很可能会破坏已经完成的软件结构，从而导致重复工作甚至返工。

　　在开发中使用增量模型时，第一个增量是产品中最为核心的功能。交付核心功能给用户使用后，再根据反馈分析需求，制订增量开发计划。这样的一个循环周期，被称为"迭代"。同时，值得提出的是，已经完成增量的模块也可迭代。迭代的目标可能是阶段性的功能扩展也可能是局部的功能完善。迭代是为了进一步增强开发模型应对需求变化的能力。正是通过快速的开发迭代，产品开发人员才能在发现潜在需求或改进已有功能时，及时地调整开发计划，并且在不破坏已有成果的基础上调整产品。

迭代增量模型也是敏捷方法的重要组成部分，在此暂不深入讨论。从产品设计的角度看，在拓展概念模型和敏捷方法的同时，应当注意迭代增量开发模型，将其运用于项目实践。

第二节　融合设计是设计的发展趋势

在当前的信息社会，互联网应用高度繁荣，也产生了许多面向未来的互联网产品设计趋势。未来的设计趋势是融合，这种融合是多层面的，如基于仿生学的感官融合，基于工业化生产的跨领域融合等。

一、多感官融合

(一)仿生学发展推动感官融合

2011年11月，美国加利福尼亚大学伯克利分校的神经学家韦伯林教授发明了模拟人类视网膜成像的电脑芯片，使用这种芯片的摄像机拍下的夜景图像更加清晰、立体。这种成像芯片利用了人类视觉成像的分步成像原理——人眼捕捉视觉信息，大脑对视觉信息进行重组，人最终看到事物。例如可以利用普通画面呈现自然景物和建筑物的内部状况，用红外线画面勾勒出建筑物的外部轮廓，最终利用电脑芯片，将其组合为能够体现更多细节的画面。

无独有偶，2012 年，风靡全球的 4D 影院进行了技术更迭——5D 影院诞生，电影业从 3D 立体电影时代一跃进入 5D 动感电影时代。利用人眼的成像原理和计算机模拟场景的仿生学技术，5D 电影在表现视觉、听觉、嗅觉、触觉的同时，完美地融合了动感体验和剧情互动游戏，充分利用互动道具，使观众全身心地融入剧情之中，体验互动影片的神奇。4D 电影和 5D 电影，甚至现在很多前沿技术推崇的 7D 电影，在不断地挑战人类感官融合的极限。不仅如此，互联网产品设计和多媒体形态变化也体现了感官融合的趋势。

在报纸时代，人们主要利用眼睛接收信息，在广播时代主要利用听觉来提升信息接收效率，而在电视和互联网时代，人们综合利用视觉和听觉来提升感官体验，同时，人们可以通过触觉来接受资讯（例如盲文），甚至可以使用嗅觉和味觉。目前互联网上的第一大 B2B 平台——阿里巴巴，就提出要创造出能让受众在终端体验到产品材质的方式。资讯越来越丰富，人们对体验的要求也越来越高。在走向融合的互联网中，互联网产品设计师可以挖掘和利用人类的各种感官的功能，为受众提供更加综合的体验和享受。

在当前的 4G 和 web3.0 时代，感官融合的互动性和时效性大大提升了受众的体验。谷歌眼镜 Project Glass、三星智能手表 Galaxy Gear，以及 LG 集团的柔性屏 LG G Flex，都是提升感官体验的典范。获得 1275 万美元 A 轮融资的创业公司 Leap Motion 推出的新型 3D 动作控制系统,完全突破了以前 3D 控制的概念,为未来的 3D 交互打开了无限的想象空间。现在,我们可以真正地"切"水果了! 在未来,感官融合必将引领潮流。

(二)体感交互引领感官融合

日本动画片《名侦探柯南》的主角是一名因为意外吃掉实验性化学药剂而身体缩小但是头脑依然成熟的高中生侦探。他在一名博士的帮助下,获得了高科技的追踪眼镜、领结变声器和麻醉枪手表(见图 5-2),从而可以在小学生的身体条件下,继续侦查案件。

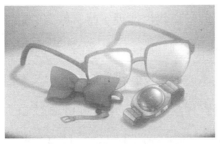

图 5-2 《名侦探柯南》高科技产品截图

在科技发达的今天，出现在动画片中的装置也有了运用到现实生活的可能。谷歌公司就推出了与之类似的谷歌眼镜（见图5-3），但它并不是追踪犯人用的追踪眼镜，而是一款智能佩戴设备。

谷歌眼镜是谷歌公司于2012年研制的一款智能电子设备，具有上网、通信和阅读电子文件的功能，可以代替智能手机和笔记本电脑作为随身、便携并且存在感低的电子产品。它是站在设计领域前沿的电子化硬件设备。

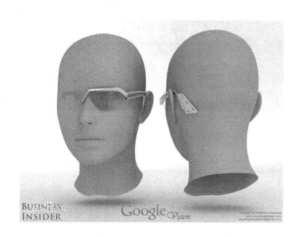

图 5-3　谷歌眼镜概念图

谷歌眼镜是一款具备智能手机的所有功能的眼镜装置。镜片上装有一个微型显示屏，用户无须动手，便可上网或者处理文字信息、电子邮件等。2012年4月4日谷歌在其社交网络Google＋上面公布了名为Project Glass的电子眼镜产品计划："谷歌眼镜包括了一条可横置于鼻梁上方的平行框架、一个位于镜框右侧的宽条状电脑,以及一个透明显示屏……"①

佩戴这一"增强现实"的电子眼镜时,可以用自己的声音来控制拍照、视频通话,还可辨明方向。

图 5-4　谷歌眼镜佩戴效果图

谷歌眼镜的重量只有几十克,尽管如此,它仍然内置了一个微型摄像头,还配备了头戴式显示系统,可以将数据投射到用户右眼上方的小屏幕上,而电池则被植入眼镜架里。总而言之,谷歌眼镜就像是可佩带的智能手机,让用户可以通过语音指令拍摄照片、发送信息或使用其他功能。例如,如果用户对着谷歌眼镜的麦克风说"OK,Glass",一个菜单就会在右方的屏幕上出现,显示多个图标,让用户拍照片、录像、使用谷歌地图或打电话。②佩戴谷歌眼镜

---

① 360 百科"谷歌眼镜"词条[EB/OL].[2015-07-13]. http://baike. so. com/doc/5337701-5573140. html.

② 朱一和.互联网景点图片挖掘与现实增强[D].上海:上海交通大学,2013.

的用户说:"当信息出现在我右眼前方时,感觉真是太酷了,虽然让人有些分不清方向。尽管我始终闭着左眼,不过丝毫没有不适感。"

2013 年 9 月,韩国三星电子推出一款智能佩戴设备——三星 Galaxy Gear 手表,它也是重量级的可穿戴式智能电子设备,上市价格为 299 美元。

Galaxy Gear(见图 5-5)是一款可佩戴的智能电子手表,展开后是智能触屏处理器。它配有一块 1.63 英寸、320×320 分辨率的触摸屏幕,还有自动变焦镜头、麦克风和内置扬声器。Galaxy Gear 可通过蓝牙连接一定范围内的设备,用户可以阅读手表上的邮件等电子信息。同时,可以将手表连接到 Galaxy Note 3 手机上,让手机上的信息同步显示到手表上。Galaxy Gear 还内置了健身应用软件,用户可以定制和传输数据到手机等设备中,或者用第三方应用程序来对自身的健身或者健康状况进行追踪。

图 5-5　Galaxy Gear 概念图

同样作为电子行业的领头军的 LG 电子集团也不甘示弱，2013年推出了历史上第一款柔性屏幕手机——LG G Flex（见图 5-6）。虽然之前的 Galaxy Round 也具备弧形屏幕，但是在屏幕柔性上远没有 LG G Flex 尖端。

图 5-6　LG G Flex

LG G Flex 的弧形屏将设备的人体工程学设计推进到新的水平。LG G Flex 有 700mm 的优化弧度，这是从 300 种不同设计中选出的，也是对于大多数的人脸来说最舒适的弧度。

有用户拆卸 LG G Flex 之后单独对屏幕进行了测试，其柔性屏幕的可弯曲半径高达 400mm，也就是说弯折度最大时可以缠绕在拇指上！"它给我们的感觉就像是一块塑料扑克牌，两边都可以弯折"。也许有一天，用户可以将手机贴合在手臂的内侧，或者将平板电脑卷起来携带！

图 5-7　LG G Flex 的柔性屏

如果认为科技的发展只是对电子设备进行了优化，那我们就是管中窥豹了。2014 年 1 月 26 日，日本一个内衣品牌推出了一款特殊文胸，这种"真爱测试器"文胸会自动探测女性心跳速率。内置感应器测量用户心跳次数之后，会通过蓝牙将数据传送到手机内的相关应用程序上，程序会对数据进行分析。若因遇见男性而心跳增速，不妨说该用户遇见了她的"Mr Right"。这是全球首款内置科学探测仪器的女性内衣。

现在很多年轻人佩戴小米手环、华为手环、咕咚手环等智能手环，它们借助数据的存储和网络交互，可以实现心率监测、睡眠监测、运动监测。还有为老年人和行动不便人士设计的可穿戴设备，这些设备能监测心跳、血压、行动、位置等，并且可以在手机端进行实时反馈，为用户提供健康保障。

除此之外，会说话的智能鞋、测试脑波的智能头箍、音乐发烧友追求的鼓点 T 恤，手套式手机、充电靴子、卫星导航鞋等先进装置已经将电影《少数派报告》中的酷炫第六感系统展示出来，并运用到现实生活中。科技的发展让我们瞠目结舌。

二、跨领域应用

设计走向融合，互联网产品应用也开始跨领域。这种融合发展不是盲目地融合，而是具有同类特征的领域之间的协作和共同发展。传统金融行业与互联网应用相结合，产生了新兴领域——互联网金融。这样的融合不仅仅是金融业务与媒介的融合，更是基于互联网精神层面的平等、开放、协作和分享精神的融合。传统的商学院教育和设计思维教育的碰撞产生了新兴的商学院设计课程，这不仅是教育方式的融合，更是用户体验在商业中的"移觉"。

(一)互联网金融

互联网金融是由传统金融行业与互联网思维相结合产生的新兴领域。互联网金融与传统金融的区别不仅在于金融业务所采取的媒介不同，更重要的是互联网金融取消了中介环节，提升了金融业务的平等性、开放性、协作性和便利性，使传统金融业务更加透明、中间成本极大降低。互联网金融产品包括但不限于第三方金融支付、在线理财、信用评价、电子商务、众筹等产品。

中国的金融改革正值互联网变革潮流兴起，互联网金融推动中国的金融架构发生了深刻的变革。2013 年，阿里巴巴集团的余额宝出现，在利率市场化上占尽天时地利，8 个月便汇集了 42 亿元。到 2014 年 1 月 15 日余额宝中已经有超过 2500 亿元,用户数达到 4900 万。而 2014 年春节前的 1 月 26 日,微信红包上线,财付通官方提供给《时代周报》的数据显示:除夕当天到初八,超过 800 万用户参与了红包活动,超过 4000 万个红包被领取,平均每人抢了 5 个红包。红包活动的最高峰是除夕夜,1 分钟内有 2.5 万个红包被领取,平均每个红包的金额在 10 元内。业界对微信红包的评价是:"一个微信红包就超过支付宝 8 年干的事。"在 2019 年春节,收发微信红包的人数超过 8.2 亿,在刚过零点的几分钟之内,甚至出

现了微信红包网络被挤爆的情况,部分微信用户无法发送红包。年轻用户群体已经习惯了用这种形式来表达节日的祝福。

同样,腾讯的微信理财通的成功上线,使得大批互联网投资者"转移阵地"。2013 年,时任腾讯副总裁、财付通总经理赖智明在微信理财通(见图 5-8)上线前一天,在中欧国际工商学院举办的互联网金融年度论坛上说:微信理财通在内测推出且未进行宣传的情况下,已实现每天 1 亿多资金的流入,腾讯将在微信、手机 QQ 两大移动端 App 上不断发力

图 5-8 理财通界面

移动支付。果不其然,到 2013 年 2 月中旬,伴随着春节期间微信"抢红包"效应的持续发酵,以北京为例,余额宝中已有五分之一的资金转移到理财通中。到 2018 年,已有超过 1 亿用户使用理财通购买中欧、广发、易方达等公司的基金产品。同时微信还推出零钱通,用户可以在零钱和理财两个频道间实时切换。丰富的互联网金融产品帮助用户玩转电子钱包。

(二)商学院的设计课

斯坦福大学建立的新"设计学院(Institute of Design)",将精力放在思考商业战略上。这个学院是由 IDEO 设计公司的创立者大卫·凯利(David Kelley)联合其他教授共同建立的。

位于芝加哥的 Institute of Design/IIT,则是另外一所顶级的设计学院。这所学院已经设立了 MBA 学位,直接把毕业生推向商业领域。"超过一半的毕业生将会进战略市场和研究等领域,不仅仅是设计领域。"设计学院的院长帕特里克·惠特尼教授(Patrick Whitney)这样说。一些大的咨询公司,比如麦肯锡已经到设计学院招毕业生了。

过去 10 年中,美国的很多商学院把设计学院的思考方式引入自己的课程中,如与位于波士顿的 Corporation Design Foundation 合作设计一些课程。哈佛大学商学院、西北大学凯洛格商学院和乔治敦大学商学院都开设了很受学生欢迎的设计课程。密歇根大学 Ross 商学院则开设了和汽车设计相关的课程。

在 2013 年底的一次斯坦福大学商学院的高级管理层会议中,

世界银行的资深经济学家玛格丽特·米勒(Margaret J. Miller)戴着黑皮手套和黑眼罩体验了徒手包装一个礼物的过程。这是一个为期五天的创新管理课程(MTIS, Managing Teams for Innovation and Success),它教人们用创新视角看待用户体验,使用一些基本的工具,激发人们产生一些新想法。

对于一般企业的管理层来说,管理和执行都不是问题,问题在于如何让中层管理者的思维更开阔、想法更丰富。传统的工商管理硕士课程只是一个"管理"课程,而在现实商业环境中,创新远远超过了传统的管理,一跃成为企业持续良好发展的首要因素。

商学院中的设计课程取得了广泛的成功。这也是商学院在发展过程中发现问题并且很好地解决问题的例证。商学院试图开设多元化的设计课程以体现其与设计学院不一样的地方。其中做得最好的是卡耐基梅隆大学的 Tepper 商学院。在其课程中,设计师、工程师和学生共同设计原型(prototype),并测试这个原型在商业、工程中的运作情况。而 MBA 的学生则更注重财务(financial)方面的问题。这些合作可以大大提高 MBA 学生的创新能力。"创新是很重要的。我们只有学会创新,才能生存。"商学院的系主任这样说。加州大学伯克利分校 Hass 商学院的贝克曼教授(Beckman),会给商学院学生们讲授一门叫"设计"的课。贝克曼教授原来在 IDEO 设计公司做设计师,他还和加州艺术学院合作来充实这门课程。而对于 MBA 学生来说,他们要和非商学院的学生合作完成项目。"商学院的学生解决问题的能力很强,而设计专业的学生在发现问题方面则是一把好手。"贝克曼教授这样解释。

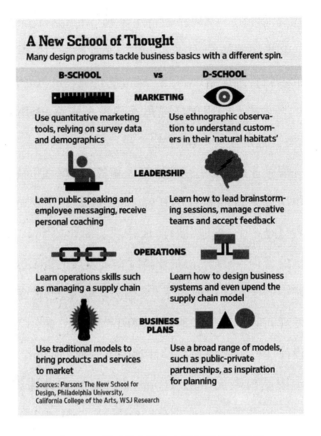

图 5-9　美国某商学院中的设计课程设置

　　沃顿商学院,这个世界上最著名的商学院有一个项目:让学生去米兰和哥本哈根度过他们的秋季学期。对他们来说,设计就是创新。INSEAD 商学院和设计学院合作,让设计学院的学生到欧洲和 MBA 项目的学生合作,然后商学院的学生到加州和设计学院的学生合作。

　　很多公司为其高层管理人员开设与顶级设计公司合作的课程,让他们明白设计的方式和方法,甚至让 CEO 们去商店买他们自己生产的产品,来体验"用户"这个角色。而三星和 IDEO 设计公司的合作，让三星的设计水平有了大幅提升。现在，在顶级企业的董事会议上出现设计师的身影并非偶然，因为设计思维已经在公司内部延伸至管理层了。

"学会创新要走很长的路，不过我们义无反顾""忘掉商学院吧，设计学院正大热""设计思维为更多的项目提供了解决问题的方案"，雷切尔·艾玛·西尔弗曼（Rachel Emma Silverman）[①]在2013年的设计思维课程中如是说。

跨领域不是多领域，是相关领域之间的合作和联系，而不是毫无理由地越界。

设计思维的跨界带来很多新的设计。蒂姆·布朗说："我们开始采用小写d开头的设计。"这种说法的意思是设计进入一个全新的阶段，新的设计有望超越那些展示在生活杂志中或者安放在现代艺术博物馆中的设计。从通常意义上来说，大写D代表着专业人士才能从事的职业，而小写d则被认为是普通人也可以在日常生活中运用的设计思维。例如，运用设计思维可以帮助一家医疗保健基金组织重组组织架构；可以帮助一家百年制造企业更好地了解他们的客户；可以帮助一所顶级名牌大学设计非传统的学习环境。

此外，设计思维的原则可以应用到不同领域的组织中，而非局限于对新产品的开发。有能力的设计师通常可以从设计的角度对之前的产品进行改进，而由跨界的设计思考者组成的跨学科团队

---

① 《华尔街日报——完整的产业规划指南》（*The Wall Street Journal—Complete Estate-Planning Guidebook*）的作者。

则具备解决更为复杂的问题的能力。"从儿童肥胖症到预防犯罪，再到气候变化，目前设计思维正被用来解决一系列难题，设计思维所创造的产品与服务完全不同于那些充斥在时尚休闲出版物中的令人艳羡的精美物品。"①

德国的设计思维学院接受的企业委托商业项目中有一个比较有代表性的方案——敦豪快递（DHL）城内低碳物流方案。"敦豪快递给设计师团队提出了这样一个问题：假如未来不能开车的话，怎样改进城市内的消费者物流供应链？"②

该解决方案采用了众包的形式，让城市里的每个人都可以加入这一低碳物流过程中：骑自行车上班的人顺路将包裹送到一个小店中转站，小店的店主将包裹交给跑步路过的另一个人，之后包裹又被传递给乘坐公共交通工具的旅行者，最终到达目标客户的手中。③这一方案充分利用了手机和网络的通讯能力，在每一次包裹交接时，留下包裹的人和接受包裹的人都会用手机蓝牙交换一个点子令牌，物品的位置和流通情况可以随时从网站上查到。

这样的一个应用方案依托互联网，采用低碳形式完成真实物品的交换。虽然这样的方案充满了不确定性，但却是跨界和设计思维的充分体现，为受众描绘了一个充满奇迹和激动人心的未来。

当前在互联网领域盛行一种"互联网思维"。何谓互联网思

---

① 布朗. 设计改变一切［M］. 侯婷，译. 北京：万卷出版公司，2011.
② 廖祥忠，姜浩，税琳琳. 设计思维：跨学科的学生团队合作创新［J］. 现代传播，2011(5)：127-130.
③ 廖祥忠，姜浩，税琳琳. 设计思维：跨学科的学生团队合作创新［J］. 现代传播，2011(5)：127-130.

维？这是值得互联网产品设计师深入思考的一个问题。互联网思维不是有了互联网才出现的思维方式，不是只有互联网企业才有互联网思维。在笔者看来，互联网思维是对传统企业价值链的重新审视，是以用户体验为核心价值观、融合全民商业的一种创新思维。可将百度百科中"互联网思维"这一词条下的解释概括为"专注产品与服务的极致"＋"优秀的社会化媒体营销"。虽说这样略显片面，但不无道理。从某些角度来看，互联网思维与笔者下一章探讨的产品思维有相同之处。

三、融合设计的走向

(一)响应式设计

响应式设计，也被称为自适应设计，指的是互联网产品的交互界面根据用户行为以及设备环境(包括系统平台、屏幕尺寸、屏幕定向等)进行相应的调整，主要通过网格布局、图片显示、CSS 应用等实现。无论用户使用的是 15 英寸的电脑还是 9.7 英寸的 iPad，界面都能自动切换分辨率以保证正常显示。这样就可以做到一个设计在多个终端上的兼容显示，而不需要为每个终端都制作一个特定的版本。

在响应式设计中，排版对于内容的可读性起着重要作用，整体趋势是字号越来越大。在 iPhone 上面，18 像素大小的字要比 12 像素的容易看。不过，如果在屏幕更大、分辨率更低的设备上用这么大的字，展示效果就不好了。

现在，新的理念——"让人们忘记设备尺寸"驱动响应式设计更快地向前发展，实现的工具也多种多样，包括 Adobe Edge Inspect、Foundation 以及矢量化工具 Sketch 等。

(二)简约化设计

在互联网设计中，三条横线的图标又名"汉堡包"，许多 App 都把它作为菜单标志。如图 5-10 所示，汉堡包的原型经过简化后，可以用三条横线或者三条横线与点的组合来呈现（圈内的图标）。它表示存在一组最复杂的图示。名为 The Magazine 的应用甚至把它用出了乐趣，只要你按住 The Magazine 左上角的那个三横线图标超过三秒，它就会变成汉堡包的样子。这种视觉表征形式如今已变得十分普遍。

图 5-10　汉堡包原型图标和简化图标

人们逐渐适应了符号化的表征带来的信息传递方式的变化，这在一定程度上对人类信息传播方式也产生了影响。对简约化设计的追求印证了"大美至简"的设计原则，而这也正是以设计取胜的苹果公司向来遵循的设计原则。我们可以从"苹果"的一系列产品中发现受众对"大美至简"的追求。

(三)扁平化设计

扁平化设计其实属于"大美至简"原则的延伸。扁平化设计的核心就是放弃一切装饰效果，诸如阴影、透视、纹理、渐变等，去掉一切能显示出 3D 效果的装饰。这样便可在移动终端的小型屏幕上，用更少的按钮和交互界面带来简明整洁的使用效果，最大限度地避免认知障碍的产生。

不同的公司尝试用过不同的名称，例如 minimal design、honest design，微软公司甚至称它为 authentically digital，但它们都指向简约、逻辑清晰以及更好的适应性。扁平化设计是保证自适应显示的一个重要的因素。这样的设计简约、清晰，让用户感觉虚拟物接近实物，但二者之间又有清晰的界限。

曾经在很长一段时间内，"苹果"的设计师一直推崇在 iOS 系统中使用 skeuomorphism(模仿实物纹理)设计，随后微软的 windows 8 以及 windows phone、windows RT 的 Metro 界面出现。微软不愧为扁平化用户体验开拓者，如此大胆的尝试不得不让人佩服。在此之后，设计师逐渐放弃了拟真设计，开始追求更加扁平化的设计。

(四)人性化设计

所谓人性化设计,就是坚持以人为本的设计理念。这在设计甫一出现时就受到了设计师的重视,更是设计中必不可少的一个重要因素。就目前的设计发展来看,未来的人性化设计将更专注于互联网产品的移动端交互。

在视觉传达上,以人为本的理念让设计师更青睐于瀑布流模式。瀑布流模式注重显示的流畅,原理与流媒体的原理相近,都是边缓存边显示,让受众不必忍受带宽的限制和长时间的响应,可以做到"走一步看一步"。在交互方式上,增强现实代替模拟现实,以更人性化的方式加深了受众对交互的理解。这仅仅是人性化设计的基本方面。在未来的设计中,人性化设计仍将占据重要的地位。

第六章 设计思维的提升——产品思维

第一节 产品思维的内涵和方法

基于互联网产品的设计思维研究必须注重产品思维。产品思维将设计的对象看作一个完整的商业产品来创作。产品思维的核心是用户体验。

产品设计的动因由两部分组成:一是因用户需要而产生的冲动;二是创作者对用户体验的观察和反馈,对用户的困扰和需求的深入了解。很多时候这两个动因同时在起作用,而创作者经常忽略决策的重要性,使其变成了博弈的尝试。当然,也有一些这样的产品会成功,就像是人们买彩票偶尔也会中奖一样。格瑞·麦戈文(Gerry McGovern)在 2010 年的《陌生人的长脖子》(*The Stranger's Long Neck*)中讲到,他对接受调查的中小企业用户的网站运行微软系统的情报进行观察,其中有一项任务是进行用户调查,然后他问微软的团队:"你们认为什么是用户最关心的任务?"微软的团队给出的答案跟用户调查所得到的答案相去甚远,见表6-1。

表6-1　用户调查和团队观点对比表

顾客认为——	微软团队认为——
第一位:互联网安全	第一位:客户关系管理
第二位:备份和恢复	第二位:网络营销
第三位:安全	第三位:网络管理
第四位:桌面支持	第四位:销售/领先一代
第五位:数据/文件	第五位:计费管理

这个例子告诉我们,无论是何种形式的互联网产品,追求成功是没有问题的,但是一味追求成功不是互联网产品设计的初衷。更多时候,互联网产品要立足于用户体验,以产品思维来全程指导产品设计。将产品思维运用到互联网产品设计中不一定能保证产品获得成功,但至少能推动互联网产品走向经典和成功。产品思维主要包括以下几个方面。

一、泛设计理念

设计的理念应贯穿产品设计的始终。这是产品思维的第一个内容,也是笔者重点提出的理论基调。

惯有思维认为,设计是艺术化的创作,是"大写D代表的专业人士"从事的运用专业能力的工作。而在设计思维的进化过程中,

"小写 d 代表的非专业人士"已经逐步成为设计工作中不可或缺的成员，他们把设计的理念贯穿于设计工作的始终，却并没有替代专业的设计工作者。

泛设计有很多定义，例如：泛设计（Fun design），指的是有趣味的轻时尚设计；泛设计（Cross design），指的是跨界、混搭设计。笔者提出的泛设计（Great design），又可以被称为大设计，意指一种规划，一种结合立意、实现、过程和体系的口头表达、书面表达、视觉表达和行动表达的结合体。这种结合就像黛比·米尔曼（Debbie Millman）在 2010 年出版的设计师访谈集的名字一样——"像设计师那样思考"，需要将设计师的思维融入从立意到实现的每个环节；需要打破惯性、扩大视野、不断创新；需要将设计融入生活的各个方面，将其变为一种生活方式。"当设计被泛化至生活的高度，设计与生活之间、艺术与设计之间、各设计门类之间的界限就会变得模糊"[①]。设计上升为一种生活哲学，就是泛设计最深刻的内涵。

在设计发达的国家，到处可见泛设计理念的运用。在日本和韩国，设计元素无处不在。图 6-1 是窨井盖上的画作，图 6-2 为防止雨水淋湿纸袋的塑料防水袋，图 6-3 是公共厕所区分男女的鬼怪头像，图 6-4 是烧烤店门前的张贴画，图 6-5 是小店 LOGO 墙，图 6-6 是用德国菲仕乐厨具打造的环保森林。

---

① 段嵘.泛设计情境下的创意设计[J].艺术界，2009(02)：148-149.

图 6-1　窨井盖上作画

图 6-2　防止雨水淋湿纸袋的
塑料防水袋

图 6-3　公共厕所区分男女的
鬼怪头像

图 6-4　烧烤店门前的张贴画

图 6-5　小店 LOGO 墙

图 6-6　用德国菲仕乐厨具
打造的环保森林

泛设计的理念应该成为一种生活和创作的状态。将泛设计用于互联网产品，就是要用设计思维来发现和分析问题，如确定市场定位、产品视觉效果和产品内涵；要用设计思维来规划项目，也就是设计合理有序的程序来获得预期效果，具体包括明确设计需求、设计流程、团队角色，进行人员管理；要用设计思维设计团队和公司的运作流程，包括产品整体规划，明确产品走向、产品开发过程中的部门接口和产品服务的售后支撑体系。

泛设计的理念可用于发现和解决问题、沟通和管理等各个层面。如果将泛设计提升为生活哲学，那么每个人的职业规划甚至人生规划都可以设计。泛设计理念作为产品思维体系提出的理论基调，应贯穿产品发展的始终。

二、用户至上

产品思维的核心是用户体验。开发互联网产品时，要把用户放在最重要的位置上。只要用户有需求，就可以用产品思维去包装和满足这个需求。2010 年是国内微博迅猛发展的一年，各大微博平台出现，但从根本上来说，国内的微博与国外的 Twitter 大相径庭。目前，在这些微博中，新浪微博一家独大。究其原因，新浪微博从一开始就非常明确地提出了"用户至上"原则。

新浪董事长兼首席执行官曹国伟曾提出：新浪长远的目标是做一家令人尊敬的新媒体公司，新产品的拓展必须围绕新浪的核心竞争力来做。从新浪的发展历程来看，它做了十几年门户网站，在媒体方面有很强的实力和积累,而微博的媒体属性很强,二者的结合有很好的发展前景。①

在互联网高速发展的大背景下,新浪一直在进行社区化产品的尝试。2009 年 5 月,新浪管理委员会的一些高级主管在成都举行例行的战略会议。在此次会议上,曹国伟第一次提出做微博产品的想法。曹国伟也不是一下就想到要往 Twitter 这条路上走的。资料显示,2009 年决定做微博的时候,新浪已经做了应用比较丰富的 SNS——新浪"朋友",但这个到现在都很少有人知道的应用最终被停掉了。② 2009 年 8 月 28 日,新浪启动微博测试,成为国内最早推出微博服务的门户网站。新浪认为,微博只言片语"语录体"的即时表达更加符合现代人的生活节奏和习惯,而新技术的运用使得用户更容易对访问者的留言进行回复,从而形成良好的互动关系,推动微博在 Web2.0 时代迅速蹿红。③此后的一系列数据表明,新浪最初对微博市场的预判非常准确。"可以说,新浪微博赶上了一个好时机,一个中国互联网时代更迭中的绝佳时机——微博空白:饭否、叽歪、嘀咕等微博在监管上遇到问题;搜狐当时走在 SNS 的路上,并未看好微博客路线"④;当时腾讯的微博产品"滔滔"几乎停滞。就在别的微博产品还在犹豫的时候,新浪做了一个大胆的决定,同时也抓住了一个机会。

---

① 宋迪,祝玉婷,金晓红. 社交媒体次时代[J]. 中国传媒科技,2011(8):84-88.
② 微博照耀新浪[EB/OL]. [2013-02-17]. http://wenku. baidu. com/view/e834e2344332
　 3968011c92cd. html.
③ 宋迪,祝玉婷,金晓红. 社交媒体次时代[J]. 中国传媒科技,2011(8):84-88.
④ 微博照耀新浪[EB/OL]. [2013-02-17]. http://wenku. baidu. com/view/e834e2344332
　 3968011c92cd. html.

新浪微博的成功在于,在绝佳时机明确了用户需求和产品定位。新浪微博虽然学习了 Twitter,但其产品设计更加贴合中国人的需求。新浪微博成功地对 Twitter 进行了本地化改良。现在的新浪微博支持表情、图片、视频链接,转发时可添加评论,已经变成了一个真正适合中国人的全新的微博。

同时,新浪微博的运营表现也非常值得一提。在运营过程中,用户至上的原则被体现得淋漓尽致。在微博之前,国内互联网上最火的就是论坛,像天涯和猫扑等,网民们喜欢在论坛中东拉西扯、谈天说地,网络热点话题大多源于论坛。有人说话的地方,就是信息的中心。新浪微博团队非常敏锐地认识到了这最重要的一点。另外,在国内,名人的话语权在互联网传播中非常重要,可以通过认证网络大 V 的方式来扩大影响力。新浪微博团队将这两点认知贯彻到了整个微博的产品设计以及运营手段中。评论及转发功能的添加满足了网民讨论的需求。新浪微博团队秉承了新浪博客的明星及热门用户推广策略,依托新浪网所具有的媒体属性,获得了巨大的成功。

新浪微博团队用多种"战术"进行初期运作,使得新浪微博在很短的时间内就获得了广泛的关注,被普遍接受。微博亮相后,新浪利用名人效应,采取了分类推荐、快速增加初期关注者等措施。粉丝数量、各类功能模块和活跃的网民参与形成了持续正反馈,为微博的快速扩张奠定了坚实基础。新浪微博页面如图 6-7 所示。

图 6-7　新浪微博页面

　　新浪微博一直在提升平台活力,以活跃的用户为中心来设置产品逻辑。一方面,采取各种技术手段分析用户行为(例如徽章系统),从而筛选优质的内容提供者,并对其进行扶持,以此来提高内容产出效率。另一方面,除了内部的营销手段,新浪也在积极外联,引入第三方伙伴如优酷等,开展大规模活动来扩展应用生态圈。这其中最值得一提的是微博开放平台。在这个平台上,新浪能够借助不断成熟的 API 及其巨大的影响力,吸引开发者开发第三方应用,打造各种平台衍生产品。

　　用户至上,用户比客户重要。最初做 QQ 时,马化腾并没有自己做运营平台的想法,只是单纯地想把系统做出来卖给运营商。运营商从软件工程的角度计算这个产品是用几人月的工作量做出来的，一核算，QQ的价值连100万都不到。腾讯这个早在2014年春节微信红包推动下股价突破10,000亿元的中国互联网公司的第一个产品，居然连100万元都不值？是的，按照软件工程开发的工作量来核算，客户只出价100万。如果当时腾讯把QQ卖给了客户，那么辛苦得来的用户就永远流失了。在互联网上，用户数量就是真金白银！这是非常值得互联网时代的产品设计师们注意的。

周鸿祎借用了毛主席的说法"地在人失，人地皆失；地失人在，人地皆得"，认为人就是用户，地就是收益。大量的实践证明周鸿祎说的是对的。周鸿祎的奇虎360为了取悦用户，提供免费杀毒服务，把一年1.8个亿的杀毒软件分成都舍掉了，还得罪了广大的杀毒软件客户。而现在看来，奇虎360提供免费服务后的回报远远超过当初投入的10倍！虽然奇虎360引发的争议不断，但是这个广为人知的经典案例直白地告诉我们：用户至上，需求为王。用户需要什么，就去做什么。

三、大美至简

少即是多，产品不应做加法，应注重做减法。

全世界每年不知有多少新的电子产品发布，但是像iPhone这样能够引起竞争对手股价下跌，将上市的6月变成iMonth，上市的当天变成iDay的，恐怕是绝无仅有的。[①]《华尔街日报》著名科技专

---

① 周宏桥.就这么做产品[M].北京：机械工业出版社，2009.

栏作家沃尔特·莫斯伯格(Walt Mossberg)[1]说:"在我三十多年的报道生涯中,我从未见过哪个产品的上市能够拥有如此巨大的魔力。""苹果"虽然是一家科技公司,但是从未将硬件作为"苹果"产品的支柱。iPhone每次推出新型号之前,从不公开包括CPU在内的详细硬件配置,而其他同类产品却时常将此作为新产品的宣传内容,由此可见,"苹果"的产品与其他产品比的根本就不是硬件。"苹果"向来以引导简约的生活方式作为产品的核心。

从艺术的角度来说,"苹果"一直坚持的就是特立独行的"做完美产品"的思想。乔布斯在创立苹果公司时就非常强调设计的艺术性和重要性,他所倡导的"苹果"的设计风格是非传统的,概言之就是"简约至极"。"苹果"的产品,从 iPod、iTouch、iPad 到 Mac,都使用极简的界面,主屏幕上只有一个 home 键。在 iPhone 刚出现在大众面前时,手机正面只有一个按键的设计出乎大家意料,但是大家很快便沉浸其中,反而感觉其他手机有那么多的按键很麻烦。"苹果"旗下的其他产品也是如此,就连"苹果"的网页都只有几张图片、几个字,精简而明确地凸显了风格。

笔者在最初接触 Mac OS 系统时,对于一键关机的设置很感兴趣。使用 Windows 系统时,需要从菜单栏关机,点击"关机"后会出现注销、待机、休眠、关机等诸多选项,从中选择"关机"之后,会再弹出一个界面,让用户选择确定还是取消。笔者在调研中发现,在选择关机之后希望关闭系统的用户达到 95%。而"苹果"最初的

---

[1]　沃尔特·莫斯伯格(Walt Mossberg),俗称"莫博士",华尔街日报旗下科技网站的主编,长期从事科技评论。其评测风格独特,具有评论一款产品而影响其销量的能力。

Mac OS 系统是一键关机的：选择"关机"，默认 59 秒内自动关闭系统。而使用 Windows 系统的设备在 Win7 更新后才能一键关机。

不仅是用户使用的软件系统，苹果 Mac 笔记本的硬件也做得极简。电源线插头处是可以收缩的，笔记本的接口处都是带磁力的。用户用完后可以直接拽掉电源线，不用担心不小心碰到电源线会使连接的笔记本电脑从高处坠落而损坏。这些不仅是从科技的角度，更是从用户使用心理的角度提出的简约化设计。产品思维是设计思维的延伸，要用产品的高度科学化和人性化设计促进产品的"情""理"并行发展，也就是说，既要有感性元素，又要兼顾理性的合乎实用性的技术。

魏晋玄学的代表人物王弼曾经提出"以无为本"的观点，这与"大美至简"设计原则是相似的。设计也是从无到有、无中生有的过程。乔布斯的经典设计理念就是对"无"的追求，即"少即是多"的减法原则。中国的互联网产品中也有主打简约风格的典范。

微信在全球已有 10 多亿用户，但一直保持着核心的功能结构：一套包括对象和消息的信息系统，其他的功能全部以插件的形式存在。像微信中的摇一摇、漂流瓶等功能，完全可以从微信中拿掉。它们的存在与否对系统的结构没有任何影响。同样，公众号是商业元素的一部分，但是也没有造成微信的复杂化。如果用户不关注公众号，那么就感受不到它们的存在，因为只有关注了公众号才能接收到公众号的信息。微信这样一个庞大的平台，没有增加使用复杂度，这是从根本上贯彻了"大美至简"。

四、概念模型

要重视概念模型，以认识产品的本质。

微信创始人、腾讯副总裁张小龙说："以前我做技术写程序的时候发现，对于一个软件系统来说，不管它有多复杂，核心的组成结构都可以抽象为两个元素：对象、消息；不管多么复杂的系统，都是由很多对象组成的，而这些对象的通信是通过消息来完成的。"[①]微信的原点，就是一套消息系统。微信的最基本原型就是由对象和消息组成的消息系统（见图 6-8）。

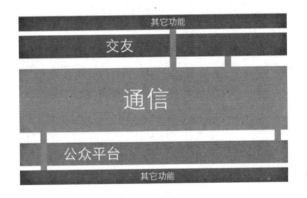

图 6-8　微信的最基本原型

在产品设计中强调用户需求，是不是应该区分不同的人、区分年龄段和性别，才能为用户提供有针对性的服务？对此，张小龙的描述很抽象也很专业："你可以把所有用户看作一个人，这个人没

有性别、年龄、区域、教育程度的属性,他就是一个对象,他包括了所有用户,他是所有用户共同需求的交集。"

目前微信已经拥有超过 10 亿用户,已成为一个足够庞大的基础平台,同时这个平台又可以对接任何具有拓展力的平台。在这样一个平台上,所有消息都被认定和理解为对象,微信被定义为消息和对象之间的通信平台。这就是俘获了 10 多亿用户的"微小信息平台"——微信的概念模型(见图 6-9)。

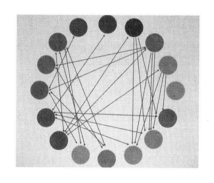

图 6-9　微信消息的概念模型

概念模型是一种形象的方法,用来表示单个或多个差异性个体之间的逻辑关系。一个好的概念模型应该明确地使差异性个体和它们所受到的直接威胁联系起来,而具有战略意义的行为常常会影响直接威胁。概念模型描绘了周围的事物,并且提供了最基本的问题解决方法,使设计者和受众能够找到战略意义上的切入点。但概念模型是作为项目而被设计的,无法直接转化到应用中,必须通过分析应用环境的复杂性和各种环境影响因素将概念模型转换成实践中采用的应用模型系统。所以,认识产品的本质时,要提出复杂的环境影响因素,将其还原到最基本的模型中,挖掘出概念模型。

五、商业化服务

产品思维将设计的对象看作一个完整的商业产品来创作,所以运用产品思维来设计产品,尤其要注重商业化因素,也就是注重服务和营销。对于互联网产品来说,商业化的服务和营销是必不可少的。

一度疯狂传播的煎饼品牌黄太吉,受到了太多的关注。北京街边的煎饼摊一天最多卖 200 张煎饼,一张 5 至 6 元,黄太吉煎饼一天能卖到 1000 张,而且基本价格是 9 元;普通煎饼摊基本上都在小区里、学校和地铁站周边等人流量大的地方,黄太吉的店却是在北京的豪华写字楼区——建外 SOHO 的一个角落里。就是这样一家传统小吃店,推出不到一年,就得到了风投 4000 万的估值。而黄太吉的创始人赫畅压根儿就不是做餐饮的,他是从荷兰归国的学设计的八零后。他在接受《商业价值》采访时表示:"我根本就不是餐饮界的,我是在互联网界。"

黄太吉的成功体现了互联网营销思维。它的创始人将所有与产品相关或不相关的事情都变成了营销素材。黄太吉的微博的最大特色是,每一条评论和@都能得到回复。这样做的目的在于:一方面让用户觉得自己受到了重视,另一方面也可以了解用户数据并且随时随地体察用户需求的变化。微博对于黄太吉来说不仅是一个营销平台,它还拉近了黄太吉和用户之间的距离。黄太吉懂得,在 Web2.0 时代,所有的信息传播不能是单方面的,要接收用户的反馈,以互动提升传播的有效性。黄太吉能抓住每一个跟用户接触的机会,源源不断地输出自己的价值观。黄太吉的店门口有一个漂亮的小花木马,赫畅说他是故意把木马放在那里的。因为放在那里就会有人觉得好看,就会有人骑上去拍照并跟朋友分享照片。这无形之中就输出了品牌的概念,激发了用户的讨论。

营销方式本质上的变化在于互联网带来的用户口碑传播的信息有效性的变化。互联网营销的本质是紧跟用户体验。用户在过去养成的外出吃喝的习惯,在互联网时代 O2O 消费模式下可以成为营销的手段从而被颠覆。互联网营销对产品有巨大的影响力。

在传统营销和服务领域,高端精英客户的消费市场大概占了80%的市场份额,在互联网领域则不然。在互联网领域,高端精英用户和草根用户的比例是对调的,草根用户占了八成。对互联网产品来说,谁赢得了草根用户,谁就离成功更近一步。唯品会是目前中国已经上市的电商公司中在这方面表现得最好的。唯品会成立之初,明确提出要服务于高端用户,要占领中国奢侈品消费市场,但烧掉了几千万美元后,决心转型做二三线品牌的折扣产品。这样虽然降低了产品的层次,但是一下子找准了用户的需求,成为名利双收的经典案例。2018 年 7 月拼多多在美国纳斯达克上市,令人惊叹不已。拼多多是近两年出现的电商平台,上市时拥有超过 3.5 亿的活跃用户,这超过了美国人口总数。京东用了 10 年、淘宝用了 5 年时间才实现的网站成交总额 1000 亿元的巨大突破,拼多多只用了 2 年零 3 个月就完成了。人们在惊叹于拼多多的扩张速度的同时,更能深刻体会到,满足广大老百姓的日常生活需求是拼多多最正确、最核心的产品思维,也是它能短期内成功的基本保障。

所以,做哪个领域的产品不是最重要的,重要的是做什么产品都要有产品思维,用产品思维来进行设计、制作和推广。

六、理性跨界

运用产品思维,就一定要开阔视野、大胆创新,这要求创作者对多领域的融合具备敏锐的嗅觉和迅速的反应。对于互联网产品来说,跨界是很好的融合资源优势的方式。前文中也多次提到,跨领域是产品设计未来的走向之一。但是,在跨界融合的同时,也要注意和避免其带来的隐患。

跨界竞争者一般不受行业思维限制,敢于突破求变,敢于颠覆传统的商业模式,这样往往会有意想不到的效果。在互联网产品领域跨界成功的案例比比皆是。

奇虎360和瑞星杀毒、金山毒霸的"大战"刚开始时,大家都抱持观望姿态。瑞星当时在杀毒行业的市场份额高达80%,完全处于垄断地位,金山毒霸也是行业内首屈一指的"老前辈",而奇虎360是刚刚成立、完全新生的互联网企业。老前辈们一年的利润就远远超过奇虎360成立几年来的全部投入。从资本和市场资源的角度来看,奇虎360完全处于劣势。

但是奇虎360以免费为开端推动互联网发展,逐步将传统软件模式击得粉碎。因为奇虎360的"出身"跟其他的杀毒软件公司有着本质上的不同：奇虎 360 本身是一家互联网公司，在互联网上用户免费使用软件仿佛是天经地义的事情，所以奇虎 360 在发展之初就没有考虑过从基本的杀毒服务上挣钱；金山和瑞星都是惯用传统思路的软件企业，它们的思路是：我卖的是服务，你用就得掏钱。

当时，互联网行业内稍有远见的人已经看出杀毒服务免费是大势所趋，而传统企业却故步自封。最终金山毒霸受到奇虎 360 的压制，而不得不转战海外市场。瑞星杀毒则被迫推出了免费的杀毒软件，一直对奇虎 360 亦步亦趋，难以望其项背。

京东商城是当下最大的 B2C 企业，是综合性网上购物商城，囊括了家电、手机、电脑、母婴、服装等十三大品类的商品。而京东成立之初，只是中关村电子城中的一家销售 3C 电脑产品的小商铺，之后在电子消费品行业深耕十数年，成就了今日的京东商城。在拥有了上亿用户后，京东开始由 3C 产品的零售商转型为多品类商品的销售平台，逐步拓展数码产品的种类，又增加家电、母婴、服装等生活用品类产品，成为全品类的综合性零售商城。京东不满足只做终端销售商，于是跨入了制造行业，联合联想公司，施行 C2M 反向定制模式，通过"需求报告——仿真试投——厂商研产——京东首发——精准营销"五步法，实现从用户中来到用户中去，由销售商来为用户量身定制他们需要的产品。京东的 C2M 反向定制模式目前已经涵盖游戏手机、电脑、家电等多品类下的几十种产品，并且引发了其他各大销售商的效仿。可以预见的是，这种模式将成为网上商城的主流模式。京东的这一跨界发展可以说是非常成功的。京东商城发展至今，真正脱离了商城的局限，成为消费者心目中无可替代的"京东"。

纵观国内互联网产品发展历程,盲目跨界导致失败的例子也是比比皆是,本文只举一例。1998年新浪网刚火起来的时候,还有一家新闻网站高调出世,这就是千龙网。千龙网于2000年3月成立,是国务院新闻办公室批准的国内第一家拥有新闻发布权的重点新闻网站,由中共北京市委宣传部主管。这一传统媒体集团的产物,可以说一出生就含着金钥匙,拥有各大传统媒体的授权。当时的评论家认为千龙网的新闻资源优势远超新浪网,新浪网在这样的倾轧之下,很快就会走向终结。而事实是,这个传统媒体集团合力推动的网站,在市场上的竞争力并不能令人满意。

一直以来人们普遍认为资源是影响产品的关键因素,但是互联网领域的产品思维却并不遵循这一规律,其不会因为资源优势而忽略了用户体验和用户真正的诉求。仅仰仗资源,反而容易缺乏核心竞争力。产品思维倡导的是均衡资源和实力,深入发掘市场盲点和用户需求,打造完整的互联网产业链。

第二节　产品思维贯穿产品设计的始终

一、用户体验是产品思维的核心

产品的核心价值来源于用户体验,用户体验是检验产品的最终标准。好的产品能让受众在接触时感觉简单、好用从而爱用。产品设计师永远要把用户体验放在第一位。

马斯洛五级需求层次模型从下到上依次是：生理需要、安全需要、归属与爱的需要（或称社交）、尊重需要和自我实现的需要。这也是受众的需要层次。用户在接受产品之前，心中其实有很长的自我对话过程：（1）你想干吗？你要跟我说什么？要给我推销什么吗？（2）你想从我这拿走什么？拿走多少？（3）你说的是真的吗？我为什么要相信你呢？（这一层也是用户最重要的心理活动层次，涉及安全感问题）（4）这个东西对我来说有价值吗？价值有多大？考虑完这些问题后，用户才能判断是否开始接触产品。虽然技术的迅猛发展给我们带来了丰富的产品和服务，但是技术并没有改变满足用户需求的方法。产品和服务的衡量标准是"用户满意度"：用户购买以满意度为衡量标准的体验。

伟大产品的最重要的设计点是树立前瞻愿景，让产品能够创造或改变一种生活方式，让目标用户在生活当中离不开它，即变输出产品为输出生活方式。[①]与艺术学中的审美体验相似，用户体验分为三个阶段：物境、情境、意境。

唐纳德·A. 诺曼（Don A Norman）在《情感化设计》（*Emotional Design*）中从认知心理学的角度对人类认知事物的层次进行了分析，将其分为本能层、行为层和反思层。其中，本能层在思维和意识出现之前，主要与产品的外观、表现和最初使用效果有关。行

---

① 周宏桥. 就这么做产品[M]. 北京：机械工业出版社，2009.

为层是用户通过使用一段时间的产品,对其功能、性能、可用性以及有效性产生认识。反思层则是对事物在意识上、情感上的理解,是认知的最高层次。三个层次彼此影响、相互制约,同时,也对应着用户体验的物境、情境、意境三个阶段。

物境来源于产品的外在表现形态和社会对产品的舆论反应,包括产品的色彩、质感,初次使用后的反馈等。如果用城市来类比,就好像人第一次来到一座陌生的城市,它的地理位置、建筑外观和街道的清洁度都是物境的表现因素。

情境来源于受众和产品之间的互动,即受众和产品产生交流并对产品有了一定的认识,这就是受众体验到的情境阶段。就像在城市里面逗留了几天后,人们对它的区域布局、饮食习惯或者历史文化就有了了解。

意境来源于受众对产品进行的深入探索和反思,甚至可将产品理解为人,从产品的品格方面进行精神交互,这种交互有正面的或负面的。人们如果被城市里的风土人情打动,或者在其中经历了情感纠葛,产生了难以割舍的情结,就很难离开这座城市,即使远行漂泊多年,也总想着"落叶归根""狐死首丘",此为意境阶段。

二、人文意识是产品思维的最高诉求

对应着用户体验的三个阶段,产品设计也存在三个层次:文化、人品、哲学。归根到底,做产品的最终目标是呈现人文意识。

周宏桥在他的《就这么做产品》一书中提出了他的产品兵法体

系。他认为:产品,企业之魂,死生之地,存亡之道,不可不察也。[1]
他在此书中总结了做互联网产品的实战方法论,从产品哲学(寓意
"道")、产品设计(寓意"天")、产品实施(寓意"地")到产品营销(寓
意"法")的全线十大流程,及产品人心智模式的五项修炼(寓意
"将")等方面来阐述。他将强调"道、天、地、法、将"的中国道家哲
学思想融汇到产品思维中,利用哲学思想来分析产品思维,同时也
证明了做产品的终极追求就是"心智""哲学",即人文意识。

　　在第一个层次中,若运用产品思维,需要了解的内容是产品的
本体,包括产品形象、功能、逻辑等;需要有力的执行体系,要细分
目标市场,根据用户需求来设定产品的本体内容。

　　在第二个层次中,要提升产品思维,运用产品思维综合分析产
品战略、商业模式和产业价值链;要将产品变成品牌,将产品和技
术之争变成品牌、模式和产业链之争。

　　在第三个层次中,也就是产品的最高境界,要用爱和情感来打
造产品的人文意识;要将务实理论和理想主义结合起来,做到有目
的、有组织、系统化、结构化的创新。

　　图 6-10 中有三个层次:第一个层次的核心在于理解行业,做到
完善的用户需求调研;第二个层次中的主要思想在于理解市场和
用户,不要试图去改变用户的心智模式;第三个层次着重强调有目
的、有组织的系统化创新。

---

[1] 周宏桥.就这么做产品[M].北京:机械工业出版社,2009.

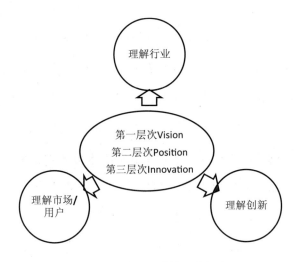

图 6-10 产品设计的三个层次

今天的设计被称为"后现代设计",其具有后工业时代的数字化背景,更重要的是,由数字化背景直接催生的功能特征在消解,一种"非物质化"的、人文的和情感的特征正悄然建构。① 在消费产品极其丰富的今天,用户可选择的范围越来越大,对产品的要求也在逐渐提升,对产品的特性更加关注。而在产品的"质"和"量"都可供选择的时候,用户开始希望产品能满足自身精神层次的需求。要赋予产品深厚的文化内涵,就要让无形的人文意识融入有形的产品中,让产品的文化理念彰显人文底蕴。

---

① 杨兰英.现代艺术设计中人文、本土意识的回归[J].宿州教育学院学报,2002(2):60-61.

结 语

设计思维和产品思维随当代艺术的发展而发展,在当下主流互联网产品设计领域蓬勃壮大,逐步形成理论体系,进而反哺艺术创作和产品设计。无论是艺术创作还是产品设计,都要做到理论先行,设计思维和产品思维是互联网产品研发中必不可少的指导思路。

当代艺术设计中的设计思维催生了产品思维。产品思维在互联网产品设计中的发展,体现了当下产品创作的特点,同时也体现了中国设计师在运用设计思维和产品思维进行设计创作实践时的本土化特点。

首先,当代艺术中的设计思维和产品思维的运用处于深度变革期。随着互联网产品逐步融入人们的生活和工作,产品从创作到成型都受互联网影响。比如,有了可以接入互联网的智能电视之后,人们更习惯于直接进入网络 App 选台看节目。正因如此,越来越多的传统产品制造者意识到了危机,开始进行产品设计的革新和尝试。设计思维和产品思维在变革发展的行业沃土中蓬勃发展。

　　其次,应大力推进开放性管理方式。对于中国设计的发展走向,很多人都是"不识庐山真面目,只缘身在此山中"。拥有 *VOGUE* 等顶级杂志的康泰纳什集团于 2013 年派一名长期从事数字业务的国际人士来华担任中国区总裁,为中国区的发展计划带来了国际化的视野。在信息化高度发展的当代,科技日新月异,我们更需要大局观念,需要与天下群雄一较高下的气魄,需要开放、发展的战略眼光,这样才能让本土化的设计思维和产品思维推陈出新,更好、更全面地指导当代的产品设计。

　　再次,需要加强对独立设计的尊重、对创作版权的保护。在当代互联网深入各行各业的背景下,产品具有可快速复制的特点,创作者的一个优质点子可以迅速将未开垦的处女地变为红海。而同质化产品中的有实力者可能背靠着巨大的流量和数据,坐拥成熟的社交平台。中国的设计师们时时都要提醒自己不要陷入对手的"狂轰滥炸"中。如果没有对创作的保护、对市场运作的监管,想打造深受用户喜爱且不会被成熟团队模仿的产品很难。2018 年,由华策影视出品的电视剧《创业时代》中有很多故事再现了产品设计创业者的真实情况。主人公郭鑫年开发了一款新的手机通信软件,可以将手机短信以语音的形式在用户之间传送,这个想法让郭鑫年激动不已,于是他怀着满腔热血走上了创业之路。而让郭鑫年没有想到的是,在几个月的时间里就出现了多种同质化产品与其竞争,故事情节由此展开。电视剧中主人公的一个很有市场前景的想法变成产品推行后,却遭到来自各种行业和背景的对手的排挤、打击甚至质疑,现实中的情况与之类似。所以,设计师们时刻背负着被追赶甚至被超越的压力,在机遇与挑战并存的创业环境中探索前进。

最后,也是最重要的一点,要坚定不移地追寻产品思维的文化本质。产品思维的核心是用户体验。用户体验分为三个境界——物境、情境和意境,相应地,产品设计存在三个层次——文化、人品和哲学。无论是用户体验中的意境追求还是产品设计中的哲学理念,其最高诉求都是对文化本质的追求。也就是说,真正高端的产品思维必定要走向对文化本质的阐释。

文化本质是情感诉求,反映的是艺术本然和哲学真谛的联系。苏珊·朗格说过:"世界上没有哪一个事物不可以进行哲学上的探讨,也没有哪一个事物不向我们提出一些哲学问题。"对文化本质的研究已经上升到了哲学层面。冯友兰认为:"从宇宙之观点说,凡一艺术作品,如一诗一画,若有合乎其本然样子者,即是好的;其是好之程度,视其与其本然样子相合之程度,愈相合则愈好。自人之观点说,则一艺术作品,能使人感觉一种境,而起与之相应之一种情,并能使人仿佛见此境之所以为此境者,此艺术即是有合乎其本然样子者。"①可见,带有艺术思维的创作,都是"发乎物而止于情"的。

---

① 　冯友兰.为什么中国没有科学[M]//冯友兰.三松堂全集.郑州:河南人民出版社,2012.

参考文献

一、期刊、图书

DRESSELHAUS B. Citing new trends in design thinking[J]. Software engineering (ICSE)，2011(5)．

BAILEY J，LAGUNOVA O，KAIM S，et al. Design thinking：an exploration of mobile shopping for cloud services[J]. Emerging technologies for a smarter world (CEWIT)，2011(11)．

GONZ ALEZ C S G，GONZAÁLEZ E G，CRUZ V M，et al. Integrating the design thinking into the UCD's methodology[J]. Education engineering (EDU-CON)，2010(5)．

BROSS J，ACAR A E，SCHILF P，et al. Spurring design thinking through educational weblogging [J]. Computational science and engineering，2009(8)．

OXMAN R. Computational support for visual thinking in design ideation[J]. Information visualization，1998(8)．

KOONO Z，YAMAMOTO K. Structural way of thinking as applied to good design[J]. Communications，1992(7)．

NIGEL C. Design thinking：understanding how designers think and work[M]. London：Bloomsbury academic，2011．

AMBROSE G，HARRIS P. Basics design：design thinking[M]. New York：AVA

Publishing,2009.

LOCKWOOD T. Design thinking：integrating innovation，customer experience，
and brand value[M]，New York：Allworth press,2009.

BROWN T. Change by design：how design thinking transforms organizations and
inspires innovation[M]. New York：Harper business ,2009.

MARTIN R L. The design of business：why design thinking is the next competi-
tive advantage[M]. New York：Harvard business review press,2009.

BROWN T . Design thinking（Harvard business review）[M]. New York：Harper
business,2008.

LAWSON B. How designers think：the design process demystified [M]. Oxford,
UK：Architectural press,1980.

米尔曼.像设计师那样思考[M].济南：山东画报出版社,2010.

贝弗里奇.科学研究的艺术[M].陈捷,译. 北京：科学出版社,1979.

赫斯科特.设计无处不在[M].丁珏,译. 北京：中国译林出版社,2013.

安东内利.日常设计经典100[M].济南：山东人民出版社,2010.

布朗.设计改变一切[M].侯婷,译. 北京：万卷出版公司,2011.

鲍列夫.美学[M].北京：中国文联出版社,1986.

斯滕伯格.创造力手册[M].施建农,译. 北京：北京理工大学出版社,2005.

诺曼.设计心理学[M].北京：中信出版社,2002.

斯通.设计思维：如何管理设计流程[M].陈苏宁,译. 北京：中国青年出版
社,2012.

迪亚尼.非物质社会[M].成都：四川人民出版社,1998.

赵卫东.艺术教育中的"设计思维"的培养[J].重庆广播电视大学学报,1999(2).

王受之.世界现代设计史[M].北京：中国青年出版社,2002.

童宜洁.改革开放以来我国艺术设计的发展特征研究[D].武汉：武汉理工大

学,2012.

夏燕靖.中国设计史[M].上海:上海人民美术出版社,2009.

杨四宝,黄琦,杨先艺.浅谈设计美的三种属性[J].美与时代(上),2010(6).

王彤玲.现代艺术设计的基本特征及其对社会经济活动的影响[J].兰州学刊,

　　2005(3).

郑丹丹.创新思维对现代艺术设计的重要意义[J].艺术研究,2010(2).

郭中超.创造性设计思维的认识观和发展观[J].包装世界,2011(3).

赵雯.艺术设计教学中的设计思维与设计表达[J].太原大学教育学院学报,2009

　　(6).

丁同成.形象思维基础[M].北京:高等教育出版社,2008.

杨晓芳.创造性艺术设计思维析释[J].浙江工艺美术,2006(2).

田巍.思维设计[M].北京:北京理工大学出版社,2005.

段正洁.5W2H法在设计方法教学中的应用[J].新西部(理论版),2012(8).

庞伟,白雪云.对艺术设计中整体设计思维的探讨[J].大众文艺,2010(8).

罗旭祥.精益求精——卓越的互联网产品设计与管理[M].北京:机械工业出版

　　社,2010.

张意源.乔布斯谈创新[M].深圳:海天出版社,2011.

段嵘.泛设计情境下的创意设计[J].艺术界,2009(2).

宋迪,祝玉婷,金晓红.社交媒体次时代[J].中国传媒科技,2011(8).

周宏桥.就这么做产品[M].北京:机械工业出版社,2009.

杨兰英.现代艺术设计中人文、本土意识的回归[J].宿州教育学院学报,2002(2).

冯友兰.三松堂全集[M].郑州:河南人民出版社,2012.

田巍.思维设计[M].北京:北京理工大学出版社,2005.

伍立峰.设计思维实践[M].上海:上海书店出版社,2007.

伍立峰.教学设计创新与设计思维能力的培养[J].装饰,2007(1).

文建,王强,关未.设计思维与表达[M].北京:北京大学出版社,2012.

彭文波,万建邦,刘耀宗.修炼之道:互联网产品从设计到运营[M].北京:清华大学出版社,2012.

柴英杰.设计思维:设计师思维体系解构[M].北京:机械工业出版社,2011.

罗旭祥.卓越的互联网产品设计与管理[M].北京:机械工业出版社,2010.

千鸟.设计网事——互联网产品设计实践[M].北京:清华大学出版社,2010.

张珺.产品创新设计与思维[M].北京:中国建筑工业出版社,2009.

陈楠.设计思维与方法[M].武汉:湖北美术出版社,2009.

范圣玺.可能的设计——创造性艺术设计思维的解析[M].北京:机械工业出版社,2009.

胡飞.中国传统设计思维方式探索[M].北京:中国建筑工业出版社,2007.

沈杰.理解与创新:体验产品设计的思维激荡[M].南京:江苏美术出版社,2007.

周至禹.思维与设计[M].北京:北京大学出版社,2007.

陆小彪.设计思维[M].合肥:合肥工业大学出版社,2006.

任斌.艺术与数字技术相结合的新媒体艺术设计[J].西北大学学报哲学社会科学版,2008(6).

秦伟.艺术设计中的"五感"体验研究[J].台州学院学报,2009(4).

陈长生.艺术设计与多元社会文化[J].包装工程,2009(7).

唐纪群.艺术设计与创新思维[J].上海第二工业大学学报,2009(2).

侯守金.数字时代的新媒体艺术设计——略谈新媒体艺术设计的特点[J].艺术与设计理论版,2010(1X).

童慧明.要"设计",弃"艺术设计"[J].装饰,2009(12).

杨蕙.试论民间美术与现代艺术设计的渊源[J].美与时代,2006(10).

尹碧菊,李彦,熊艳,李翔龙.基于概念设计思维模型的计算机辅助创新设计流程[J].计算机集成制造系统,2013(2).

尹碧菊,李彦,熊艳,李翔龙.设计思维研究现状及发展趋势[J].计算机集成制造
系统,2013(6).

映雪,梅林.设之"计"思之"维"——应该重视和加强设计思维学的研究[J].美术
观察,2006(7).

陈正俊.艺术设计思维学:研究与教学[J].东南大学学报,2004(6).

廖祥忠,姜浩,税琳琳.设计思维:跨学科的学生团队合作创新[J].现代传播,2011
(5).

张宝华.设计思维与方法中的无意识[J].长春教育学院学报,2009(2).

陈力勋.设计思维的类型和方法[J].深圳大学学报,2010(3).

毕亦痴.艺术设计思维——常规思维与创造性思维的博弈[J].高职论丛,2008
(3).

王琦.设计思维与产品设计[J].艺术与设计,2009(11X).

陈倩.设计思维与科学思维的同异性特征比较[J].设计艺术研究,2012(2).

许冰.论平面设计思维观念与思维形态[J].艺术与设计,2007(12X).

陆斐然.艺术设计思维浅析[J].包装世界,2012(2).

李平.设计思维的悖谬性阐释[J].艺术百家,2011(4).

哈达.浅谈设计思维[J].艺术与设计,2008(3X).

孙迎春,思海兵.设计思维与方法研究[J].武夷学院学报,2009(6).

班石.设计思维的趋同性与趋变性[J].美术研究,2007(3).

邹凤波.论《周易》之"观"与中国传统设计思维的融通性[J].周易研究,2012(2).

李伟,张慧.基于新经济时代下的产品设计思维研究[J].邢台职业技术学院学报,
2009(1).

廖宏勇.设计思维中的"象"与"概念"[J].装饰,2010(4).

魏晓娇.蒙太奇影响下的视觉传达设计思维[J].艺术与设计,2013(7X).

周磊.设计思维中艺术思维与科学思维的区别与联系[J].辽宁教育行政学院学

报,2008(6).

张述冠."移植"设计思维[J].21世纪商业评论,2011(2).

张廷权.用户体验的移动互联网产品运营评估体系探讨[J].电信科学,2011(8).

王月丰,蒋晓.互联网产品设计中反馈机制的研究[J].包装工程,2011(12).

左美云,陆杨.互联网产品中隐喻表达的设计研究[J].现代图书情报技术,2011
(5).

董清清.互联网产品经理的个人知识管理[J].科技资讯,2012(3).

廖文俊,蒋晓.互联网产品设计中的用户期望研究[J].大众文艺,2013(3).

黄磊,吴桂芬.互联网产品设计伦理初探[J].现代装饰,2012(4).

刘乃伟.互联网产品中用户体验设计的一致性研究[J].现代装饰,2013(1).

周鸿祎.好的互联网产品是运营出来的[J].中国传媒科技,2010(1).

李爽,蒋晓.心流理论在互联网产品设计中的应用研究[J].艺海,2013(5).

周鸿祎.互联网产品的灵魂[J].商界,2010(4).

王速瑜.互联网敏捷开发实践之路[J].程序员,2009(5).

孙丽,张域.互联网产品创新从何而来[J].中小企业管理与科技,2012(22).

博图轩,朱军华,柳亮.互联网产品之美[J].中国科技信息,2013(20).

张明岗,张宇红,王亚贤.互联网产品用户体验的分析方法浅谈[J].大众文艺,
2011(21).

卞亚见.基于用户体验的互联网产品界面设计研究[J].才智,2013(5).

李倩.工业设计在互联网时代中的新理念[J].信息周刊,2019(6).

陈格雷.互联网产品发展的"钟摆定律"[J].信息网络,2009(11).

李杰旻,张继晓.视觉、交互和功能——以Metro风格设计分析互联网产品设计
[J].设计,2013(11).

袁茵,钟锐钧.腾讯"微革命"[J].中国企业家,2012(1).

云鹏.互联网产品的需求之道[J].企业观察家,2012(10).

何叶. 互联网产品中的用户体验[J]. 通信企业管理, 2011(3).

刘程程, 张凌浩. 移动互联网时代手机服务型 APP 产品设计研究[J]. 包装工程,

　　2011(12).

张灵敏. 传统媒体数字化转型之杂思[J]. 青年记者, 2013(3).

谢耘耕, 徐颖. 微博的历史、现状和发展趋势[J]. 现代传播, 2011(4).

周洪成. 移动互联网发展趋势与运营模式探讨[J]. 通信管理与技术, 2011(4).

刘举. 腾焰飞芒 讯电流光——中国互联网界的传奇[J]. 中国电信业, 2013(11).

二、互联网参考资料

http://en.wikipedia.org/wiki/Main_Page.

http://designthinking.ideo.com.

http://www.designthinkingforeducators.com.

http://www.socialbeta.cn.

http://www.marketwire.com.

http://www.theued.com.

http://www.199it.com.

http://www.cutt.com.

http://www.alibuybuy.com.

http://ucdchina.com.

http://ued.taobao.com.

http://www.iresearch.cn.

http://www.yuewe.cn.

http://www.yixieshi.com.

http://www.38l.com.

http://www.woshipm.com.

http://www. chanpin100. com.

http://wiki. mbalib. com.

http://zh. wikipedia. org.

http://www. enfodesk. com.